Veröffentlichungen des Instituts
der Deutschen Forschungsgesellschaft für Bodenmechanik (Degebo)
an der Technischen Hochschule Berlin
Heft 4

I. Die Anwendung dynamischer Baugrunduntersuchungen
(2. Bericht)

Mitteilungen über gemeinsame Arbeiten der
Deutschen Forschungsgesellschaft für Bodenmechanik
und des
Geophysikalischen Instituts der Universität Göttingen

II. Über das Verhalten des Sandes bei Belastungsänderung und Grundwasserbewegung

von L. Erlenbach

Mit 56 Textabbildungen

Springer-Verlag Berlin Heidelberg GmbH 1936

ISBN 978-3-662-27623-5   ISBN 978-3-662-29110-8 (eBook)
DOI 10.1007/978-3-662-29110-8

Alle Rechte, insbesondere das der Übersetzung
in fremde Sprachen, vorbehalten.

Copyright 1936 by Springer-Verlag Berlin Heidelberg
Ursprünglich erschienen bei Julius Springer in Berlin 1936

Inhaltsverzeichnis.

Seite

I. Die Anwendung dynamischer Baugrunduntersuchungen 1
   Vorwort 1
   A. Eigenschwingungen im Boden. Bearbeitet von R. Köhler 3
      a) Versuchsgeräte — Versuchsanordnung 3
      b) Die Aufzeichnungen und ihre Auswertung 4
      c) Einfluß der Versuchsbedingungen am Schwinger auf die Bodenbewegung 5
      d) Eigenschwingungen von Bodenschichten 6
   B. Die Ausbreitungsgeschwindigkeit elastischer Wellen im Boden. Bearbeitet von R. Köhler und
      A. Ramspeck 9
      a) Die Messung der Ausbreitungsgeschwindigkeit 9
      b) Schwingungsform und physikalische Natur der Wellen 11
      c) Die Abhängigkeit der Ausbreitungsgeschwindigkeit von der Frequenz 11
      d) Die Ausbreitungsgeschwindigkeit elastischer Wellen als Kennziffer für Baugrunduntersuchungen . . . 13
   C. Die Interferenz elastischer Wellen im Untergrund. Bearbeitet von A. Ramspeck 17
      a) Einleitung 17
      b) Phase und Amplitude im homogenen Halbraum 17
      c) Phase und Amplitude im horizontal geschichteten Halbraum 18
        1. Gebrochene Wellen 20
        2. Reflektierte Wellen 22
        3. Die Laufzeitkurve 22
      d) Halbraum mit geneigten Schichtgrenzen 25
      e) Auswertungsbeispiele 25
   D. Praktische Anwendungen. Bearbeitet von A. Ramspeck 29
      Anwendung der Geschwindigkeits- und Amplitudenmessungen im Straßenbau 30
        1. Bestimmung der zweckmäßigen Deckenstärke für Betonstraßen 30
        2. Nachprüfung der Verdichtung künstlich verfestigter Dämme mittels Geschwindigkeitsmessungen . . 34
      Untersuchung des Baugrundes 36
      Bestimmung der elastischen Konstanten aus den Geschwindigkeiten 37
   Literaturverzeichnis 38

II. Über das Verhalten des Sandes bei Belastungsänderung und Grundwasserbewegung. Von L. Erlenbach 40
   Einleitung 40
   A. Versuchsmaterial und Versuchseinrichtung 40
      1. Korngrößenverteilung und Kapillarität 40
      2. Spezifisches Gewicht 40
      3. Porenvolumen, Porenziffer, Verdichtungsfähigkeit, relative Dichte 40
      4. Versuchseinrichtung 41
   B. Versuche 41
      I. Versuche nur mit Belastung 41
      II. Versuche nur mit Wasserbewegung 43
      III. Versuche mit gleichzeitiger Belastung und Wasserbewegung 47
      IV. Zusammenfassung 49
      Bezeichnungen 51
   Literaturverzeichnis 51

I. Die Anwendung dynamischer Baugrunduntersuchungen.

Vorwort.

Der Fachausschuß für Lärmminderung beim Verein deutscher Ingenieure beschäftigte sich in den Jahren 1933—34 mit Untersuchungen über die Fortpflanzung des Körperschalles. An diesen Beratungen nahm auch der Schwingungsausschuß der Deutschen Gesellschaft für Bauwesen teil. Bei den Beratungen stellte sich heraus, daß die damals vorliegenden Ergebnisse über Verkehrs- und Maschinenerschütterungen wenig Aufschluß geben über die wirklichen Schwingungsvorgänge im Boden. Man erkannte, daß auf dem bisherigen Wege, die Erschütterungen des wirklichen Verkehrs zu untersuchen, die Gesetzmäßigkeiten der Bodenschwingungen nur schwer aufgeklärt werden können. Man kam zu der Überzeugung, daß für eine systematische Untersuchung der Bodenschwingungen klare Versuchsbedingungen geschaffen werden müssen, d.h. zunächst rein sinusförmige Erregerkräfte. Es wurde für solche Untersuchungen ein Programm aufgestellt, dessen 1. Teil die Vorgänge im Boden und dessen 2. Teil die Vorgänge in Gebäuden verschiedenster Art umfaßt. Das Geophysikalische Institut der Universität Göttingen und die Deutsche Forschungsgesellschaft für Bodenmechanik an der Technischen Hochschule Berlin übernahmen die Arbeiten, von denen das erste Institut besonders die geeigneten Meßinstrumente, das zweite Institut die geeigneten Maschinen für die Krafterzeugung besaß. Zugleich wurde in Aussicht genommen, auch andere Institute (das Heinrich-Hertz-Institut in Berlin, und die Straßenforschungsstelle an der Technischen Hochschule Hannover, Abteilung für mechanische Schwingungen des Prof. Dr.-Ing. C. Risch) zur Mitarbeit heranzuziehen. Im Sommer 1933 und 1934 arbeiteten das Geophysikalische Institut und die Deutsche Forschungsgesellschaft für Bodenmechanik mehrere Wochen in der Umgebung von Göttingen, wo geeignete und gut aufgeschlossene geologische Verhältnisse vorlagen.

Zwei Fragen sollten zunächst geklärt werden:

1. Schwingt ein Boden, den man annähernd als homogenen Halbraum ansehen kann, an allen Punkten bei rein sinusförmigem Verlauf der Erregerkraft auch rein sinusförmig in der Frequenz der Erregung?

2. Gibt es im Boden, wie ihn die Wirklichkeit aufweist, geschlossene schwingungsfähige Gebilde mit Eigenschwingungen?

Durch die Arbeiten im Sommer 1933 wurden diese beiden Fragen geklärt und mit Ja beantwortet. Außerdem wurden im Sommer 1933 Untersuchungen durchgeführt über die Abnahme der Energie mit der Entfernung und über die Aufnahmefähigkeit verschiedener Bodenarten für elastische Schwingungen (analog der Schallhärte).

Im Sommer 1934 wurde dann versucht, die fortschreitenden Wellen im Boden, ihre Formen, ihre Fortpflanzungsgeschwindigkeiten und die etwaige Abhängigkeit der Fortpflanzungsgeschwindigkeiten von der Frequenz genauer zu untersuchen. Zugleich wurde in geschichteten Böden die Reflexion und die Interferenz der Bodenwellen festgestellt.

Als Ergänzung der Arbeiten in Göttingen sind dann noch bei den verschiedensten Bodenuntersuchungen für die Baupraxis Messungen ausgeführt worden. Wir verfügen daher heute schon über ein ansehnliches Versuchsmaterial, aus dem zuverlässige Schlüsse möglich sind. Wir glauben, daß durch diese Arbeiten die Kenntnisse über Bodenschwingungen erweitert sind, die der Praxis dienen. Natürlich tauchen bei derartigen Arbeiten immer wieder neue Fragen auf, die noch nicht zuverlässig beantwortet werden können. Dazu gehört die Dispersion und die Interferenz bei mehrfacher Schichtung.

Die vorliegenden Arbeiten müssen als eine Gemeinschaftsarbeit der obengenannten beiden Institute und ihrer Mitarbeiter angesehen werden. Es ist kaum noch möglich, festzustellen, welche Anteile die verschiedenen Mitarbeiter an den Ergebnissen haben [1].

---

[1] An den Arbeiten waren außer den Institutsvorstehern beteiligt: vom Geophysikalischen Institut der Universität Göttingen Dr. Köhler, Dr. Ramspeck (der heute bei der Deutschen Forschungsgesellschaft für Bodenmechanik

Die Ergebnisse wurden nach der geophysikalischen Richtung hin vom Göttinger Institut, nach der bautechnischen Seite hin vom Berliner Institut bearbeitet.

Die Mittel für die Arbeiten hat der Deutschen Forschungsgesellschaft für Bodenmechanik die Helmholtz-Gesellschaft und dem Geophysikalischen Institut die Notgemeinschaft der Deutschen Wissenschaft zur Verfügung gestellt, denen auch an dieser Stelle für ihre Unterstützung gedankt sei.

tätig ist), Dr. Gerecke, Dr. H. C. Müller, Dr. G. A. Schulze, der Mechaniker Riehn. Von der Deutschen Forschungsgesellschaft für Bodenmechanik Baurat Früh, Baurat Dr.-Ing. Loos, Dr. Lorenz, Dr. Erlenbach, Techniker Siemering, Mechaniker Schmähl.

Im Sommer 1933 waren an den Messungen noch beteiligt vom Institut des Prof. Risch Dr. Koch, Dr. Brötz, und vom Heinrich-Hertz-Institut Prof. Hort, Dr. Waas, Dr. Behrmann.

Deutsche Forschungsgesellschaft für Bodenmechanik, Berlin.
A. Hertwig.

Geophysikalisches Institut der Universität Göttingen.
G. Angenheister.

A. Eigenschwingungen im Boden.

Bearbeitet von R. Köhler.

In einer früheren Veröffentlichung [1] sind die Eigenschwingungen eines Schwingers auf dem Boden ausführlich behandelt worden. Die Frequenz dieser Eigenschwingungen ist wesentlich bedingt durch die Masse und Grundfläche des Schwingers, die Federkonstante des Bodens und die Fliehkräfte am Schwinger [2]. Eigenschwingungen dieser Art lassen sich theoretisch mit großer Genauigkeit erfassen, wenn man sich den Schwinger ersetzt denkt durch einen schwingenden Massenpunkt auf der Oberfläche eines homogenen Halbraumes.

Hier sollen nun die Eigenschwingungen besprochen werden, die im Boden selbst unabhängig von der Art der Anregung auftreten. Sie sind nur dann möglich, wenn der Boden kein unbegrenzter homogener Halbraum ist, sondern durch senkrechte und waagerechte Grenzen in einzelne schwingungsfähige Gebilde unterteilt wird. Das Auftreten von Eigenschwingungen dieser Art, die also grundsätzlich verschieden sind von den oben erwähnten Eigenschwingungen eines schwingenden Massenpunkts auf dem Halbraum, ist ein Kennzeichen für das Vorhandensein solcher eigenschwingungsfähiger Teilgebiete im Untergrund. Im großen haben sich Eigenschwingungen im Boden schon früher bei der Untersuchung von Erdbeben und Großsprengungen nachweisen lassen [3]. Die Feststellung eigenschwingungsfähiger Gebiete von geringer Ausdehnung mit Hilfe von Nahsprengungen und sinusförmiger Anregung soll im folgenden besprochen werden.

a) Versuchsgeräte — Versuchsanordnung.

Das Versuchsgelände war ein nahezu vollkommen ebenes Gebiet im Göttinger Leinetalgraben.

Die untersuchten Bodenschwingungen wurden durch die Schwingungsmaschine [4] der Deutschen Forschungsgesellschaft für Bodenmechanik erregt. Der Schwinger behielt während einer Meßreihe seinen Standort bei und strahlte nach allen Seiten Wellen aus, die im allgemeinen sehr genau sinusförmig waren. Durch sie wurde der Boden auch in größerer Entfernung vom Erreger in nachweisbare Schwingungen versetzt.

Die Bodenbewegung wurde durch Erschütterungsmesser aufgezeichnet, die im Geophysikalischen Institut Göttingen in langjähriger Arbeit entwickelt und auf Schütteltischen [7] sorgfältig geprüft worden sind. Ihre Kennwerte und Eigenschaften sind aus Zusammenstellung 1 zu ersehen.

Zusammenstellung 1. Kennwerte der benutzten Erschütterungsmesser.

Bezeichnung und Komponente	Bauart	Betrag und Verlauf der Vergrößerung zwischen 10 und 50 Hz	Eigenfrequenz	Dämpfung	Gebaut nach Angabe von
Z_3 lotrecht	mechanisch-optisch	14 000 gleichbleibend	14 Hz	Luftdämpfung, regelbar bis aperiodisch	Wiechert
Z_5 lotrecht	,,	12 000 mit der Frequenz leicht ansteigend	5 Hz	,,	Angenheister[6]
$H_{||}$ waagerecht	,,	16 000 gleichbleibend	5 Hz	,,	Angenheister[6]
$H_\perp$ waagerecht	,,	16 000 gleichbleibend	5 Hz	,,	Angenheister
EZ_1 lotrecht	elektrodynamisch	10 000–2000 für $n > 15$ Hz, mit wachsender Frequenz abnehmend. Max. bei 14 Hz	14 Hz[5]	elektromagnetisch schwach gedämpft	Wiechert und Mothes

[1] Veröffentl. des Instituts der Deutschen Forschungsgesellschaft für Bodenmechanik, Heft 1. Berlin: Julius Springer 1933.
[2] Lorenz, H.: Z. VDI 78, 1934, S. 379ff. [3] Köhler, R.: Nachr. Ges. Wiss. Göttingen, 1934 Nr. 2.
[4] Der Schwinger ist beschrieben in Bauing. 16, 1935, 25/26. [5] Galvanometer 2,5 Hz.
[6] Beschrieben in Z. techn. Physik 14, 1933, S. 512—514.
[7] Ramspeck, A.: Z. Geophysik 1932, S. 71; G. Angenheister: Union Geod. et Geophys. internat. Assoc. Seism. Publ. A, 10, 1934.

4   Die Anwendung dynamischer Baugrunduntersuchungen.

Versuchsanordnung.

Die Drehzahl des Schwingers wurde stufenweise in Minutenabständen um Beträge von ½—1 Hz erhöht und der Beobachtungsort und die Aufstellung der Erschütterungsmesser während des Versuches nicht geändert. Die Gesamtheit der Aufzeichnungen für die einzelnen Frequenzstufen ergibt die Amplituden und Phasen in Abhängigkeit von der Frequenz. Die Aufzeichnungen sind um so genauer auswertbar, je weniger frequenzabhängig die Vergrößerung und Phasenverzögerung der Empfänger ist. Aus diesem Grunde wurden bei dieser Versuchsanordnung die mechanisch-optischen Erschütterungsmesser verwendet, die im untersuchten Bereich von 10—50 Hz genau gleichbleibende oder nur wenig ansteigende Eichkurven besitzen, wie das Beispiel in Abb. 1 zeigt.

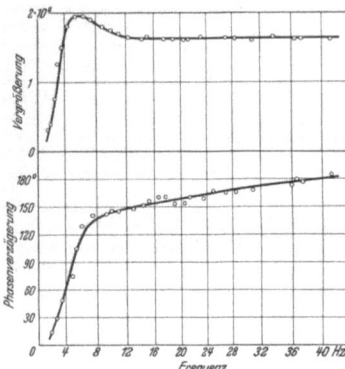

Abb. 1. Eichkurven des Waagerecht-Erschütterungsmessers $H_{||}$, aufgenommen auf dem Schütteltisch.
Eigenfrequenz 5,4 Hz. Dämpfungsverhältnis im vorliegenden Fall 4,4 : 1, bei der Messung im Gelände 8 : 1 (flacheres Resonanzmaximum).

An jedem Beobachtungsort wurden die Bodenschwingungen in drei Komponenten aufgezeichnet und zwar in der lotrechten, in der waagerechten in Richtung zur Maschine und in der waagerechten senkrecht zu dieser Richtung. Die gewählten Komponenten würden bei einem punktförmigen Erreger und bei homogenem Boden ausgezeichnete Richtungen der Wellenausbreitung, nämlich Wellennormale und Tangenten der Wellenfläche sein.

b) Die Aufzeichnungen und ihre Auswertung.

Ausschnitte aus Aufzeichnungen der Amplitude in drei Komponenten sind in Abb. 2 im Original wiedergegeben. Soweit die erzwungenen Schwingungen des Bodens nicht durch die stets vorhandene Bodenunruhe störend überlagert werden, sind sie recht genau sinusförmig. Die aufgezeichneten Maximalamplituden werden für jede Komponente ausgemessen, auf wahre Bodenbewegung umgerechnet und als Funktion der Frequenz eingetragen. Das Auswertungsbeispiel in Abb. 3 zeigt, daß man die Frequenzstufen klein wählen muß, um den Kurvenverlauf genau zu erhalten. Die zahlreichen Maxima und Minima der Kurven in Abb. 3 sind bis auf das große Maximum zwischen 24 und 31 Hz, das durch die Eigenschwingung des Schwingers auf dem Boden bedingt ist, durch Resonanz- und Interferenzerscheinungen in den durchlaufenen Bodenschichten hervorgerufen.

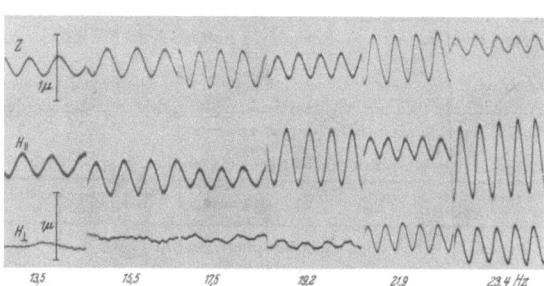

Abb. 2. Bodenbewegungen in drei Komponenten am gleichen Beobachtungsort bei verschiedenen Drehzahlen des Schwingers.
Z = lotrecht, $H_{||}$ = waagerecht, in Richtung zum Schwinger, $H_\perp$ waagerecht, quer zur Richtung zum Schwinger.

Ein Ausschnitt aus der Aufzeichnung der Phase ist in Abb. 4 wiedergegeben. Gemessen wird der Zeitunterschied zwischen dem vom Erreger ausgesandten Zeitzeichen und einer auffallenden Phase der Bodenbewegung, z. B. dem oberen Umkehrpunkt[1] im Seismogramm, — und zwar für die Darstellung der Phasen-Frequenzkurven ($\varphi = \varphi[n]$-Kurven) zweckmäßig in Einheiten der Periode ($AB:AC$ in Abb. 4). Die Frequenzstufen muß man auch hier genügend klein wählen, um sicher zu sein, daß der Phasenunterschied bei der Frequenz n von dem Phasenunterschied bei der nächstbenachbarten Frequenz $n + \triangle n$ um weniger als eine Einheit (eine Periode) abweicht. Man beginnt mit der niedrigsten Frequenz, die zweckmäßig so niedrig gewählt wird, daß der Phasenunterschied zwischen Bodenbewegung am Beobachtungsort und Schwingerbewegung jedenfalls kleiner als eine Periode ist.

---

[1] Die für die Auswertung benutzte Phase der Bodenbewegung ist im allgemeinen nicht gleichzeitig mit dem Zeitzeichen vom Erreger ausgesandt worden. Deshalb muß stets eine entsprechende Korrektion angebracht werden, über deren Ermittlung weiter unten gesprochen wird.

Eigenschwingungen im Boden.

Eine in dieser Weise ausgewertete Phasen-Frequenzkurve ist in Abb. 5 dargestellt. Der größte Teil des Phasenunterschieds kommt dadurch zustande, daß die Wellen eine gewisse Zeit brauchen, um die Strecke s vom Erreger zum Beobachtungsort mit der Geschwindigkeit v zu durchlaufen. Dieser Teil des Phasenunterschiedes sei ψ_0 (gemessen in Vielfachen einer Periode). Er ist gleich der Anzahl der Wellenlängen λ, die sich bei der jeweiligen Frequenz n auf der Strecke vom Sender zum Empfänger befinden.

$$\psi_0 = \frac{s}{\lambda} = \frac{n s}{v}.$$

In Abb. 5 ist die ψ_0-Kurve, die auf Grund der Formel aus den unmittelbar gemessenen Geschwindigkeitswerten (s. Abb. 10a) berechnet wurde, durch eine punktierte Linie angedeutet. Der tatsächliche Phasenunterschied weicht im allgemeinen von den Werten ψ_0 noch um den kleinen Betrag δ ab $(\delta \ll \psi_0)$. Die Abweichung δ kann z.B. dadurch entstehen, daß die Wellen nicht, wie in der Formel vorausgesetzt wird, auf dem geraden Wege s, sondern auf einem Umweg laufen. Sie kann auch mit einer Änderung der Schwingungsform zusammenhängen.

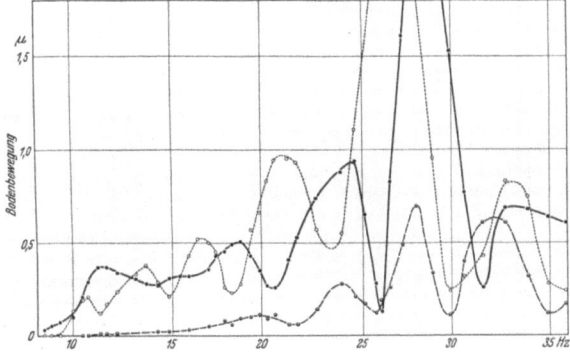

Abb. 3. Beispiel für die Darstellung der gemessenen Amplituden in Abhängigkeit von der Frequenz.
—·—·— Z, ·······o····· $H_{||}$, — · — · — $H_{||}$, Z und $H_{||}$ groß gegen $H_\perp$.
Entfernung Schwinger — Beobachtungsort 60 m.

Die unmittelbar der Aufzeichnung entnommenen Phasenwerte bedürfen noch einer Verbesserung, damit sie mit der tatsächlichen Phasenverschiebung $\psi_0 + \delta$ übereinstimmen. Diese Verbesserung umfaßt

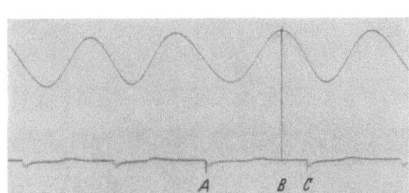

Abb. 4. Ausschnitt aus einer Originalaufzeichnung der Schwingerphase und der gleichzeitigen Bodenbewegung.
Sinuslinie: Aufzeichnung der Bodenbewegung durch den elektrodynamischen Lotrecht-Erschütterungsmesser.
Gezackte Linie: Aufzeichnung des vom Schwinger ausgehenden Zeitzeichens durch eine Spiegelablenkung.
Der Phasenunterschied zwischen Senderzeichen und oberem Umkehrpunkt, gemessen in Einheiten der Periode, beträgt $AB:AC$.

die Phasenverzögerung durch die Empfänger, die der Eichkurve entnommen wird, und den Phasenunterschied zwischen Schwingerbewegung und Zeitzeichen (Exzenterbewegung), der sich aus der auf dem Schwinger gemessenen Phasenkurve ergibt.

c) Einfluß der Versuchsbedingungen am Schwinger auf die Bodenbewegung.

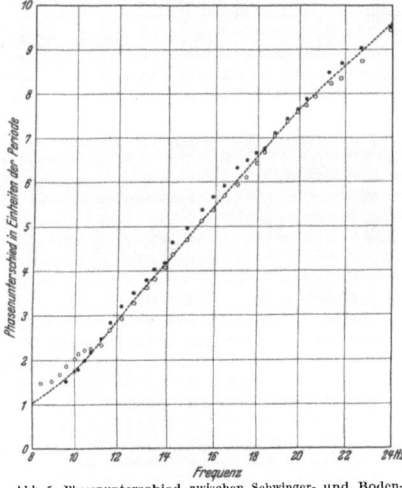

Abb. 5. Phasenunterschied zwischen Schwinger- und Bodenbewegung, gemessen in Einheiten der Periode.
···· Z-Komponente, ○○○○ $H_{||}$-Komponente, ······Verlauf der ψ_0-Kurve, berechnet aus Kurve a in Abb. 10 Entfernung Schwinger — Beobachtungsort: 60 m.

Zu Beginn der Untersuchungen war die Vorfrage zu klären, ob und wieweit die Versuchsbedingungen am Schwinger auf die Bodenbewegungen in einiger Entfernung vom Schwinger von Einfluß sind. In der Nähe der Eigenfrequenz des Systems Maschine auf Untergrund ist ein solcher Einfluß zweifellos vorhanden. Dagegen ergibt sich außerhalb des Eigenfrequenzbereichs der Maschine unabhängig von den Versuchsbedingungen stets der gleiche Kurvenverlauf, sofern man die Amplituden auf gleiche Exzentrizi-

6 Die Anwendung dynamischer Baugrunduntersuchungen.

tät am Schwinger umrechnet. Abb. 6 zeigt das Ergebnis einer Reihe von Versuchen, bei denen die Exzentrizität am Schwinger (Fliehkraft), das Schwingergewicht und die Größe der Grundplatte (Flächendruck) planmäßig geändert wurden. Man sieht aus diesen Kurven, daß auch die Art der Aufstellung und die Bauart der Maschine ohne Einfluß sind.

d) Eigenschwingungen von Bodenschichten.

Das Vorhandensein ausgesprochener Schichtungen im Boden ermöglicht das Auftreten von Eigenschwingungen bestimmter Eigenfrequenz und Dämpfung. Sind diese Eigenschwingungen nur schwach gedämpft, so treten sie bei der Untersuchung des Bodens mit dem Schwinger als Resonanzmaxima in den Amplituden-Frequenzkurven in Erscheinung. Allerdings sind diese Resonanzmaxima oft schwer von den später zu besprechenden Interferenzmaxima zu unterscheiden. Daher ist es wichtig, daß es ein weiteres Kennzeichen für das Vorhandensein einer Eigenschwingung gibt, nämlich ihr Auftreten bei stoßförmiger oder nicht stationärer Anregung des Bodens.

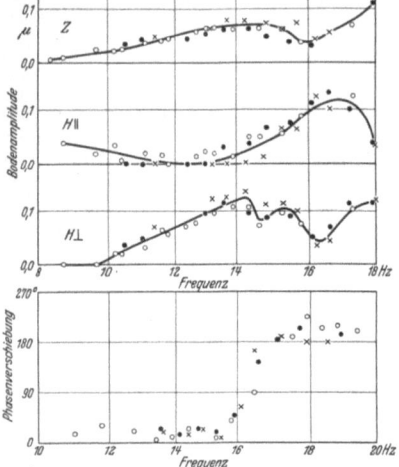

Abb. 6. Amplituden- und Phasenkurven bei verschiedenen Versuchsbedingungen am Schwinger, aber gleichem Erregungs- und Beobachtungsort.
Amplitudenkurven: ∘∘∘ große Maschine, Gewicht 2700 kg, Exzentrizität 30°, ... wie vorher, Exzentr. 16°, Maschine um 90° gedreht, × × × kleine Maschine, 1540 kg, Exzentr. 10° (Alle Amplituden sind auf Exzentr. 10° umgerechnet).
Phasenkurven: große Maschine ∘∘∘ Exzentr. 30°, ... Exzentr. 10°, × × × Exzentr. 16°, Maschine um 90° gedreht.

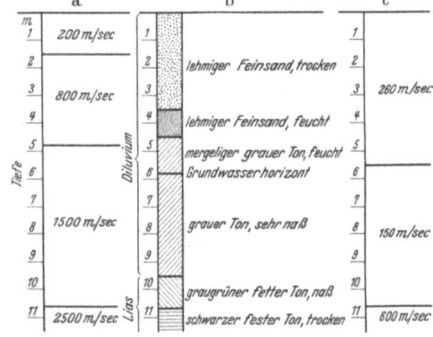

Abb. 7. Schichtung und elastische Eigenschaften des Untergrundes, auf dem die Schichtschwingungen in Abb. 9 und die Dispersionskurve in Abb. 11 beobachtet wurden.
a ermittelt aus Tiefensprengungen senkrecht unter dem Erschütterungsmesser.
b Ergebnis einer Bohrung bis 11 m und mehrerer Bohrungen bis 7 m.
c ermittelt aus Geschwindigkeitsbeobachtungen, Interferenzerscheinungen und Aufzeichnungen von Sprengungen.

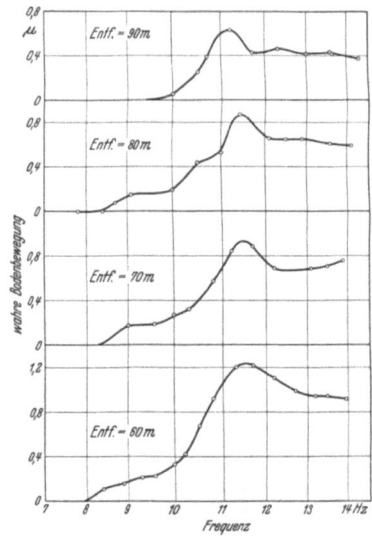

Abb. 8. Resonanzmaxima bei 11,2 bis 11,5 Hz. Ausschnitte aus Amplituden-Frequenzkurven in verschiedenen Entfernungen vom Schwinger, aufgenommen auf dem in Abb. 7 gekennzeichneten Untergrund.

Eine besonders ausgeprägte Eigenschwingung wurde in einem Untergrund beobachtet, dessen Schichtung und elastische Eigenschaften in Abb. 7 dargestellt sind[1]. Diese Eigenschwingung soll im folgenden näher behandelt werden. Die Amplitudenkurven in Abb. 8 zeigen das zugehörige Resonanzmaximum bei einer Eigenfrequenz von 11,2—11,5 Hz. Setzt man voraus, daß die Dämpfungskraft der Geschwindigkeit

---

[1] Die in Abb. 7c angeführten Werte sind als Ergebnis der folgenden Abschnitte hier vorweggenommen.

Eigenschwingungen im Boden.   7

verhältnisgleich ist, so errechnet sich das Dämpfungsverhältnis nach bekannten Formeln[1] aus den Amplituden für $n \leq 11{,}5$ Hz zu $1{,}15:1$, aus den Amplituden für $n \geq 11{,}5$ Hz zu $1{,}4:1$. Wie sich später zeigen wird, ist dieser letzte Wert zu groß, der Verlauf der Amplitudenkurven für $n \geq 11{,}5$ Hz also nicht mehr allein durch die Eigenschwingung von 11,5 Hz bestimmt.

Zu weiteren Ergebnissen über die Natur dieser Schichtschwingungen gelangt man durch Beobachtung der freien Eigenschwingungen, die bei stoßförmiger Anregung des Bodens durch Sprengungen auftreten. In dem erwähnten Untergrund wurden zahlreiche Sprengungen planmäßig durchgeführt und in verschiedenen Entfernungen vom Sprengort aufgezeichnet. Stets tritt gegen Ende der Aufzeichnungen ein Wellenzug mit der Frequenz 11,8 Hz auf, der als freie Eigenschwingung einer Schicht gedeutet werden muß. Abb. 9 gibt entsprechende Ausschnitte aus den Seismogrammen wieder. Die Eigenschwingungen wurden von zwei Lotrecht-Erschütterungsmessern verschiedener Bauart und von den beiden Waagerecht-Erschütterungsmessern übereinstimmend aufgezeichnet, so daß eine Eigenschwingung der Geräte hier nicht vorliegen kann[2].

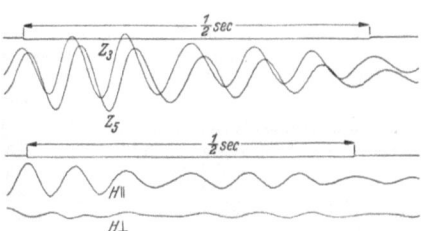

a) Gleichzeitige Aufzeichnung mit zwei Lotrecht- und zwei Waagerecht-Erschütterungsmessern.

Wird die freie Eigenschwingung nicht durch Bewegungen anderer Art überlagert und gestört, so befolgen die Amplituden angenähert ein Exponentialgesetz, wie die in Zusammenstellung 2 enthaltene Auswertung von Abb. 9b zeigt. Daraus ist zu schließen, daß die Dämpfungskraft formal der Geschwindigkeit verhältnisgleich gesetzt werden kann, die oben durchgeführte Berechnung der Dämpfung aus dem Verlauf der Resonanzkurven daher berechtigt ist.

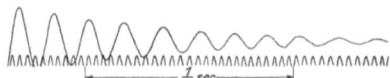

b) Aufzeichnung mit Lotrecht-Erschütterungsmesser. Abklingen nach einer e-Funktion.

Abb. 9. Freie Eigenschwingungen des in Abb. 7 gekennzeichneten Untergrundes. Angeregt durch Sprengungen in 160 m Entfernung vom Beobachtungsort; Eigenfrequenz 11,8 Hz, Dämpfungsverhältnis $\varepsilon = 1{,}12:1$.

Aus Abb. 9b errechnet sich das Dämpfungsverhältnis, d. h. das Verhältnis aufeinanderfolgender Schwingungsbogen zu $\varepsilon = 1{,}12:1$. Aus anderen gleichfalls nur wenig gestörten Aufzeichnungen ergeben sich Werte zwischen 1,12 und 1,17.

Die Untersuchung der Ausbreitung der Schichtschwingungen, auf die hier nicht eingegangen werden kann, ergibt, daß der Boden an dem jeweiligen Sprengort außer anderen Bewegungen Schwingungen von 11,8 Hz ausführt und dabei nach allen Seiten Wellen dieser Frequenz ausstrahlt. Der Vorgang ist ähnlich wie bei der Anregung des Bodens durch den Schwinger, jedoch mit dem Unterschied, daß die Schwingungen nicht stationär sind, sondern mit der Zeit abklingen. Die Ausbreitungsgeschwindigkeit der Wellen von 11,8 Hz beträgt nach den Laufzeitkurven, die durch Sprengversuche ermittelt wurden, 83 m/sec. Der Kopf des Wellenzuges, der aus Schwingungen von 10,8 Hz und 16,2 Hz besteht, erregt Sekundärwellen von 10,8 Hz in einer benachbarten, vermutlich der nächsttieferen Schicht. Diese Wellen laufen mit der Geschwindigkeit 335 m/sec den Schichtschwingungen von 11,8 Hz voraus.

Zusammenstellung 2. Aufeinanderfolgende Schwingungsbogen der in Abb. 9b wiedergegebenen Kurve und berechnete Zwischenwerte, die exponentiellem Abklingen entsprechen.

Amplituden in mm			Amplituden in mm		
beobachtet	berechnet	beob.-ber.	beobachtet	berechnet	beob.-ber.
54,2	—	—	21,8	21,8	0,0
48,4	48,4	0,0	18,1	19,4	—1,3
43,5	43,2	+0,3	16,1	17,3	—1,2
39,0	38,5	+0,5	14,4	15,5	—1,1
35,2	34,4	+0,8	13,3	13,8	+0,5
32,4	30,7	+1,7	11,8	12,3	—0,5
29,5	27,4	+2,1	11,0	—	—
26,0	24,4	+1,6			

Aus den vorstehenden Versuchsergebnissen läßt sich die Mächtigkeit der mit 11,8 Hz schwingenden Schicht berechnen, wenn man die in erster Näherung wohl zutreffende Annahme macht, daß die Dämpfung der Eigenschwingungen nicht durch Energieumwandlungen innerhalb der Schicht, sondern durch Abstrahlung in das darunter liegende Mittel verursacht ist. Nach einer Rechnung von Sezawa und Kanai[3] bewirkt diese Ausstrahlung, daß die Schwingungen nach einem reinen Exponentialgesetz abklin-

---

[1] Vgl. z. B. R. Köhler: Z. Geophysik 8, 81 (1932).
[2] In Z. techn. Physik 14, 512—514 (1933) ist in Abb. 6 eine Eigenschwingung des Erschütterungsmessers irrtümlicherweise als Eigenschwingung des Bodens aufgefaßt worden, wie die nachträgliche Prüfung des bei der Sprengung verwendeten Erschütterungsmessers auf dem inzwischen fertiggestellten Schütteltisch für lotrechte Bewegungen ergeben hat.
[3] Sezawa und Kanai: Decay Constants of Seismic Vibrations of a Surface Layer. Bull. Earthqu. Res. Inst. 13, 251—265 (35).

gen, wobei der Dämpfungswert k durch die Formel

$$k = \frac{v}{2H} \ln \left| \frac{1 + \frac{v'\varrho'}{v\varrho}}{1 - \frac{v'\varrho'}{v\varrho}} \right|$$

mit der Schichtdicke H, der Geschwindigkeit v' und der Dichte ϱ' in der Schicht bzw. v und ϱ im darunterliegenden Mittel verknüpft ist. Auf Grund dieser Formel ergibt sich aus den Werten $v' = 83$ m/sec, $v = 335^*$ m/sec, $\varrho'/\varrho = 0{,}8^{**}$, $n_0 = 11{,}8$ Hz, $\varepsilon = 1{,}135$ (gemittelt aus 1,12 und 1,15) die Schichtmächtigkeit H zu 5,6 m (s. Zusammenstellung 3). Nahezu der gleiche Wert, nämlich $H = 5{,}3$, errechnet sich nach der bekannten Formel $H = 3/4\,\lambda$, die für die erste Oberschwingung einer unten festliegenden, oben freischwingenden Schicht gilt.

Zusammenstellung 3. Werte für die Schichtmächtigkeit, berechnet aus Formel (2) für verschiedene Dämpfungen und Dichteverhältnisse.

Dämpfungs-verhältnis	Dichteverhältnis		
	0,7	0,8	0,9
1,12	5,4 m	6,2 m	7,0 m
1,15	4,4 m	5,0 m	5,7 m
	Mittel: 4,9 m	Mittel: 5,6 m	Mittel: 5,4 m

Ein Vergleich der berechneten Werte $H = 5{,}6$ m und 5,3 m mit den in Abb. 7 dargestellten Schichtmächtigkeiten ergibt, daß die beobachteten Eigenschwingungen wohl der 5,8 m mächtigen grundwasserdurchtränkten Schicht zuzuordnen sind, die von 4,8—10,6 m Tiefe reicht. Die Schichtgrenzen als solche sind dabei den Ergebnissen der Tiefensprengungen entnommen (vgl. Abb. 7a), die als recht sicher anzusehen sind; die Eigenschaft der Wasserdurchtränkung, die für die in Abb. 7a eingetragene Geschwindigkeit 1500 m/sec verantwortlich ist, ergibt sich aus dem Befund der Bohrung.

Die geringe Dämpfung oder Abstrahlung der 5,8 m mächtigen Schicht ist nach der oben gegebenen Formel nur möglich, weil die Geschwindigkeiten der Wellen ($v' = 83$ m/sec und $v = 335$ m/sec) und damit die elastischen Eigenschaften der Schicht und des darunterliegenden Mittels so sehr verschieden sind. Diese Verschiedenheit zeigt sich auch in den Ausbreitungsgeschwindigkeiten für Wellenlängen, die nicht wie die der 11,8 Hz-Wellen größer, sondern kleiner als die Schichtdicke sind (vgl. dazu S. 12). Solche Wellen laufen nach Abb. 7c in der Schicht mit 150 m/sec, im darunterliegenden Mittel mit 600 m/sec, woraus sich bei dem oben angenommenen Dichteverhältnis von 0,8 gleichfalls eine sehr geringe Dämpfung berechnet, nämlich $\varepsilon = 1{,}26:1$, während der beobachtete Mittelwert 1,14 betrug.

Dagegen ist der Scherungsmodul der obersten Schicht von 0—4,8 m von dem der darunterliegenden nicht verschieden genug, daß Eigenschwingungen von 11,8 Hz mit der beobachteten sehr geringen Dämpfung in der obersten Schicht bestehen könnten. Aus den Werten 260 m/sec und 150 m/sec in Abb. 7c errechnet sich ein viel höherer Dämpfungswert von mindestens 5:1. Bemerkt sei, daß wegen des Absolutzeichens in der Formel die Dämpfung stets positiv ist, gleichgültig ob $v'\varrho' \gtreqless v\varrho$.

Für die Baugrunduntersuchung ergibt sich aus dem behandelten Beispiel einer Eigenschwingung die Tatsache, daß sich ein befriedigender formelmäßiger Zusammenhang zwischen den beobachteten Elastizitätszahlen, Eigenfrequenzen, Dämpfungen und Schichtmächtigkeiten herstellen läßt, wenn auch zunächst noch unter mancherlei Vernachlässigungen. Das Auftreten sehr schwach gedämpfter Eigenschwingungen erweist sich dabei als Anzeichen dafür, daß der Scherungsmodul der einzelnen Schichten des untersuchten Baugrunds verschieden groß ist. (Einen anschaulichen Begriff von der Art der Eigenschwingungen erhält man, wenn man sich die Schwingungen eines Gelatinepuddings auf einem Teller vorstellt; ganz ähnlich hat man sich auch die Eigenschwingungen einer Bodenschicht zu denken.)

---

* Genau genommen, gilt dieser Geschwindigkeitswert für die Frequenz 10,8 Hz.
** Nicht gemessen, sondern auf Grund einer Überschlagsrechnung angenommen.

B. Die Ausbreitungsgeschwindigkeit elastischer Wellen im Boden.
Bearbeitet von R. Köhler und A. Ramspeck.

Versetzt man irgendeinen Punkt in der Oberfläche eines elastischen, homogenen Halbraumes in Schwingungen, so breiten sich von diesem Punkte nach allen Seiten elastische Wellen aus. Theoretisch sind drei Arten von Wellen zu erwarten, Kompressions- oder Longitudinalwellen, Transversalwellen und Oberflächenwellen. Kompressionswellen regen die Einzelteilchen des Halbraumes zu Schwingungen in der Richtung der Ausbreitung, Transversalwellen zu Schwingungen senkrecht zu ihr an. Die Schwingung der Oberflächenwellen erfolgt in Ellipsen, deren Ebene senkrecht auf der Oberfläche steht und parallel der Ausbreitungsrichtung ist.

Ist E der Elastizitätsmodul, G der Schubmodul und m die Poissonsche Zahl für den den Halbraum erfüllenden Stoff, so sind die Ausbreitungsgeschwindigkeiten, wenn ϱ die Dichte ist,

für Kompressions- oder Longitudinalwellen $\quad v_k = \sqrt{\dfrac{m(m-1)}{(m+1)(m-2)} \cdot \dfrac{E}{\varrho}}$,

für Transversalwellen $\quad v_t = \sqrt{\dfrac{G}{\varrho}}$,

für Oberflächenwellen $\quad v_r = \beta \cdot v_t$ [*],

wo $0{,}919 \leq \beta \leq 0{,}955$, wenn $2 \leq m \leq 4$ ist.

Diese Oberflächenwellen werden auch Rayleighwellen genannt. Im homogenen Halbraum sollte ihre Ausbreitungsgeschwindigkeit unabhängig von der Wellenlänge sein.

Im geschichteten Halbraum aber hängt die Ausbreitungsgeschwindigkeit dieser Oberflächenwellen (Rayleighwellen) von der Wellenlänge ab und nimmt mit dieser zu, wenn v_t mit der Tiefe wächst. Ferner treten im geschichteten Halbraum außer den oben genannten noch andere Wellenarten auf, so z. B. die Querwellen (Lovewellen)[1]. Insbesondere sind unter gewissen Bedingungen auch Biegungsschwingungen möglich[2]. Nach der Theorie hängt die Ausbreitungsgeschwindigkeit aller dieser Wellenarten von der Wellenlänge ab. Nur wenn die Wellenlänge kleiner bleibt als die Schichtdicke, ist die Ausbreitungsgeschwindigkeit nahezu konstant und gleich v_t.

a) Die Messung der Ausbreitungsgeschwindigkeit.

Die Ausbreitungsgeschwindigkeit der einzelnen Wellenarten wird bei stoßartiger Anregung dadurch bestimmt, daß man die Ankunftszeit des ersten Einsatzes jeder Wellenart in verschiedenen Entfernungen von dem Erregerort mißt und aus Laufzeit und Entfernung die Ausbreitungsgeschwindigkeit berechnet. Auf dies Verfahren, das aus der Erdbeben- und Sprengseismik (Mintropsches Verfahren) genügend bekannt ist, braucht hier nicht näher eingegangen zu werden.

Bei Erregung durch eine Schwingungsmaschine muß man die Ausbreitungsgeschwindigkeit auf andere Weise ermitteln, da sich die Einzelschwingungen einer stationären Sinusschwingung durch nichts voneinander unterscheiden, die Laufzeit eines Einsatzes der Schwingungen also nicht gemessen werden kann.

Für die Bestimmung der Ausbreitungsgeschwindigkeit sinusförmiger Bodenschwingungen gibt es zwei Wege, die hier besprochen werden sollen.

Man kann die Geschwindigkeit aus der Phasenfrequenzkurve (s. Abb. 5), die in einer bestimmten Entfernung s vom Erreger aufgenommen worden ist, nach der Formel $\psi_0 = \dfrac{n s}{v}$ für jede einzelne Frequenz berechnen. Allerdings kann man, wie oben gezeigt wurde, der Phasenfrequenzkurve nur die

---

[*] Lord Rayleigh, Theory of Sound, London 1894/6. [1] Love, A. E. H.: Probl. of Geodynamics, Cambridge 1911.
[2] Lamb, H.: Proc. Roy. Soc. London A 93, 1917; Schaefer, Cl.: Theor. Phys. I; Doerffler, H.: Schalltechnik 6, 1930.

Summe $\psi_0 + \delta$ entnehmen und nicht die Werte ψ_0 selbst, die eigentlich in die Formel eingesetzt werden müßten. Aus diesem Grunde ergibt die Berechnung nur Näherungswerte, die um so genauer sind, je kleiner δ gegen ψ_0 ist.

Eine praktische, aber nicht grundsätzliche Schwierigkeit ergibt sich mitunter dann, wenn man aus versuchstechnischen Gründen die Anfangsfrequenz **nicht** so niedrig wählen kann, daß bei dem gewählten Abstand s die Phasenverschiebung, von der man ausgeht, mit Sicherheit kleiner als eine Periode angenommen werden kann. Dann unterscheidet sich unter Umständen die gemessene Phasenfrequenzkurve von der tatsächlichen Kurve $\psi_0 + \delta$ um ein ganzes Vielfaches der Ordinateneinheit; sie ist parallel zur Abszissenachse verschoben. Die gemessenen Phasenwerte ψ genügen dann, wenn δ gegen ψ_0 vernachlässigt werden kann, der Formel

$$\psi + k = \psi_0 = \frac{ns}{v} \quad \text{oder} \quad v = \frac{ns}{\psi + k},$$

wo k eine ganzzahlige Konstante ist. Man kann k dadurch bestimmen, daß man für eine einzelne Frequenz die Geschwindigkeit nach dem unten angegebenen Verfahren unmittelbar mißt.

Ist die Geschwindigkeit für alle Frequenzen konstant, so sind die Kurven $\psi_0 = f(n)$ Geraden mit der Neigung $\frac{s}{v}$. Aus der Neigung $\frac{d\psi}{dn}$ und der Entfernung s kann man dann die Geschwindigkeit v berechnen, ohne k zu kennen. In der Praxis ist dieser Weg nicht gangbar, da man niemals weiß, ob die Voraussetzung $v = \text{konst.}$ $\left(\frac{dv}{dn} = 0\right)$ erfüllt ist. Aus der Tatsache, daß das untersuchte Stück der Phasenfrequenzkurve geradlinig ist, darf man keinesfalls auf Konstanz der Geschwindigkeit schließen. So ist z. B. die gepunktete Kurve in Abb. 5 zwischen 12 Hz und 15 Hz sehr genau eine Gerade, obwohl die zugehörige Geschwindigkeit von 255 m/sec bei 12 Hz auf 190 m/sec bei 15 Hz sinkt (vgl. Abb. 10a).

Wesentlich bequemer ist die Messung der Ausbreitungsgeschwindigkeit nach dem zweiten Verfahren, das auf folgender Überlegung beruht:

Eine bestimmte Schwingungsphase, die zur Zeit t_0 am Erreger auftritt, wird zu einer späteren Zeit t_s an einem Punkt in der Entfernung s vom Erreger beobachtet werden. Die Zeitdifferenz $t_s - t_0$ ist dann die Zeit, die die betreffende Schwingungsphase gebraucht hat, um vom Erreger zu dem Punkte im Abstand s zu gelangen. Wir können diese Zeitdifferenz daher die **Laufzeit** der betreffenden Schwingungsphase nennen. Ist v die Ausbreitungsgeschwindigkeit der Wellen, so ist

$$t_s - t_0 = \frac{s}{v}$$

oder

$$v = \frac{s}{t_s - t_0}.$$

Man kann also v bestimmen, indem man die Zeitdifferenz $t_s - t_0$ mißt.

Für die Messung von $t_s - t_0$ wird folgendes Verfahren verwandt: der mit einer Welle der Maschine gekoppelte Zündmagnet[1] gibt bei jeder Umdrehung der Exzenterscheibe bei einer bestimmten Stellung einen Stromstoß ab. Die Schwingungsphase des Bodens an der Maschine sei in diesem Augenblick jedesmal φ_0. Diese Stromstöße werden durch eine geeignete Vorrichtung (Spiegelablenkung) in der Entfernung s vom Erreger gleichzeitig mit den dort auftretenden Bodenschwingungen aufgezeichnet. Man mißt dann für eine beliebige, aber auf allen Punkten eines Strahls durch den Erreger stets gleichbleibende Schwingungsphase die Zeit, um die diese Phase später als der Stromstoß aufgezeichnet wird. Die gewählte Phase möge sich von der Phase φ_0 um den Betrag φ' unterscheiden. Ist die Entfernung s kleiner als eine Wellenlänge, so ist die Zeit, um die die betreffende Phase später aufgezeichnet wird als der Stromstoß,

$$t_s = \varphi' + \frac{s}{v};$$

ist die Entfernung größer als eine Wellenlänge λ, so ist

$$t_s = \varphi' + \frac{s'}{v} + \frac{r\lambda}{v},$$

wo $s' + r\lambda = s, r = 1, 2, 3\ldots$ Wird diese Zeit t_s für die gleiche Phase in zwei verschiedenen Entfernungen s_1 und s_2 gemessen, so ergibt sich aus $t_2 - t_1 = \frac{s_2 - s_1}{v}$ die Ausbreitungsgeschwindigkeit.

In der Praxis mißt man nun diese Phasenverschiebung zwischen Stromstoß und der gewählten Schwingungsphase (z. B. einem Wellenberg im Seismogramm) nicht nur an zwei, sondern an einer ganzen Reihe

---

[1] Siehe Heft 1 der Veröffl. d. Degebo.

von Punkten längs eines Strahls durch den Erreger. Trägt man dann diese Phasenverschiebungen, gemessen in Sekunden, als Funktion der Entfernung vom Erreger auf, so stellt die Verbindungslinie der einzelnen Punkte die „Laufzeitkurve" der Wellen längs dieses Strahles dar. Aus ihrer Neigung gegen die Zeitachse läßt sich dann sofort die Geschwindigkeit ablesen. Daß diese Verbindungslinie im Falle geschichteter Böden theoretisch keine Gerade ist, sondern eine gebrochene Linie, von der jeder Ast eine leicht wellenförmig gekrümmte Linie ist, wird später näher begründet. Die Neigung der mittleren Geraden, die sich durch diese Wellenlinie ziehen läßt, gegen die Ordinate wird als die Ausbreitungsgeschwindigkeit der Wellen definiert. Als besonders geeignet erwies sich für diese Messungen der elektrodynamische Lotrecht-Erschütterungsmesser (EZ_1), der keiner besonderen Einstellung bedarf und schnell von Ort zu Ort weitergesetzt werden kann[1]. Mit ihm konnten bis zu 50 Stationspunkte in der Stunde vermessen werden. Die Vergrößerung und Phasenverzögerung des Gerätes ist, da bei gleichbleibender Drehzahl gemessen wurde, an jedem Beobachtungspunkt die gleiche und daher von untergeordneter Bedeutung.

Die Schwingungen der Erschütterungsmesser wurden mit einem Lichtschreiber aufgezeichnet, wobei die benutzte Papiergeschwindigkeit 10, 20 oder 30 cm/sec, gelegentlich 50 cm/sec betrug. Außerdem wurde durch eine elektromagnetische Spiegelablenkung der Stromstoß, den die Schwingungsmaschine in einer bestimmten Phase der Umdrehung aussendet, praktisch verzögerungsfrei auf den Film übertragen (vgl. Abb. 4). Durch dieses Zeitzeichen lassen sich die Phase der Bodenbewegung und die Maschinenphase aufeinander beziehen.

b) Schwingungsform und physikalische Natur der Wellen.

Aus den beobachteten Amplituden- und Phasenkurven für drei Komponenten kann man die Form der Schwingung für jede Frequenz berechnen. Bei den Untersuchungen im Leinetal bei Göttingen ergab sich keine eindeutige Beziehung der Schwingungsform zu den ausgezeichneten Richtungen der Wellenausbreitung. Die Form und Lage der Schwingungsellipse ändert sich vielmehr mit der Frequenz und zwar um so stärker, je mehr Amplitude und Phase durch Resonanz und Interferenzerscheinungen beeinflußt werden. Nur bei niedrigen Frequenzen, z.B. in dem der Abb. 2 und 3 zugrunde liegenden Fall für $n \leq 18$ Hz, liegt die Schwingungsellipse in der lotrechten Ebene durch Schwinger und Beobachtungsort (Z und $H_{||}$ groß gegen $H_\perp$). Dann kann man angenähert von Rayleighwellen sprechen.

Die Geschwindigkeit, mit der sich die vom Schwinger erregten Wellen nach allen Seiten ausbreiten, ist durchweg erheblich kleiner als die Longitudinalgeschwindigkeit in den durchlaufenen Schichten und hängt in erster Linie vom Scherungsmodul ab. Man kann diese Wellen daher zweckmäßig unter dem Begriff Scherungswellen zusammenfassen. (Die Rayleighwellen enthalten zwar außer der transversalen auch longitudinale Deformationen. Da es aber nicht sicher ist, daß die von der Maschine erzeugten Wellen reine Rayleighwellen sind und da andererseits ihre Geschwindigkeit so stark von der der Longitudinalwellen abweicht, so wollen wir sie unter den Begriff „Scherungswellen" zusammenfassen im Gegensatz zu den scherungsfreien Longitudinalwellen.) Eine Trennung in Oberflächen-, Transversal- und Biegungswellen läßt sich bei ihnen bisher nicht mit Sicherheit durchführen. Gelegentlich scheinen auch Wellen aufzutreten, die etwa den Wasserwellen (Schwerewellen) entsprechen.

Auf geschichteten Böden wurden oft mehrere Geschwindigkeiten gemessen, die dann die Ausbreitungsgeschwindigkeiten in den einzelnen Schichten sind.

Aus dem Vergleich der Geschwindigkeitswerte, die für die Longitudinal- und Scherungswellen in ein und derselben Schicht von uns beobachtet wurden, ergibt sich, daß das Mittel der Wellenausbreitung im allgemeinen nicht als vollkommen elastischer Körper (Poissonsche Zahl 4,0) angesehen werden darf. Der Wert der Poissonschen Zahl ist vielmehr fast immer merklich kleiner als 4, mitunter, wie wir später sehen werden, sogar nur ganz wenig größer als der Wert 2, der einem vollkommen volumenbeständigen Stoff entspricht. Zusammenfassend kann man also sagen: Die vom Schwinger erregten Wellen sind ihrer physikalischen Natur nach Scherungswellen[2] von bisher noch unbestimmter Art, die sich in einem unvollkommenen elastischen Mittel ausbreiten. In den folgenden Abschnitten sollen Einzelheiten des Ausbreitungsvorganges näher behandelt werden.

c) Die Abhängigkeit der Ausbreitungsgeschwindigkeit von der Frequenz.

Wie nach der Theorie zu erwarten ist, hat sich häufig auf geschichteten Böden eine Frequenzabhängigkeit für die Ausbreitungsgeschwindigkeit elastischer Wellen gezeigt. Meistens besteht dabei diese Fre-

---

[1] Neuerdings wird ein Erschütterungsmesser verwandt, der durch einfaches Umlegen die Aufzeichnung aller drei Komponenten gestattet.
[2] Man muß natürlich annehmen, daß der Schwinger auch Longitudinalwellen anregt. Sie sind aber offenbar so energieschwach, daß sie gegen die Scherungswellen vollkommen zurücktreten.

quenzabhängigkeit nur im Bereich niederer Frequenzen, während für höhere Frequenzen die Ausbreitungsgeschwindigkeit nahezu konstant ist. Man kann sich das so erklären: Wellen mit höheren Frequenzen laufen in der Hauptsache nur an der Oberfläche und den Schichtgrenzen entlang, ohne tief in das Innere der Schichten einzudringen. Für sie wirkt also jede einzelne Schicht, an deren Oberfläche sie entlang laufen, wie ein homogener Halbraum, in dem die Oberflächenwellen nach der Theorie ja keine Frequenzabhängigkeit ihrer Ausbreitungsgeschwindigkeit aufweisen. Erst bei niederen Frequenzen, also größeren Wellenlängen, greifen die Wellen tiefer und dabei auch über Schichtgrenzen hinaus; infolgedessen macht sich dann die Schichtung des Bodens und ihr Einfluß auf die Ausbreitungsgeschwindigkeit bemerkbar. Ähnliches gilt auch für Biegungswellen.

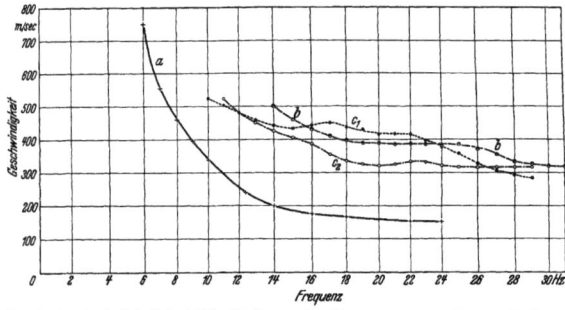

Abb. 10. Geschwindigkeit in Abhängigkeit von der Frequenz, gemessen in verschiedenen Böden.
a Lehmiger Sand über Ton, Schichtung siehe Abb. 7, b Liaston über Keuper, c Mittelkies über Keuper, a, b, c_1 = Z-Komponente, c_2 = $H_\perp$-Komponente.

Ob die Vorstellung des Tiefergreifens längerer Wellen, die der Erdbebenseismik entlehnt ist, auf die Untersuchung der oberflächennahen Schichten anwendbar ist, ist noch nicht bewiesen. In Ermangelung einer wirklich befriedigenden Erklärung für den Zusammenhang zwischen Frequenz und Ausbreitungsgeschwindigkeit wollen wir ihr aber zunächst folgen. Bemerkt sei jedoch, daß die Frequenzabhängigkeit der Ausbreitungsgeschwindigkeit bisher nur in einigen Fällen, keineswegs aber auf jedem geschichteten Untergrund beobachtet worden ist.

Wir wollen nun einen Fall betrachten, bei dem sich eine sehr ausgesprochene Frequenzabhängigkeit für die Geschwindigkeit ergeben hat. Auch diese Beobachtungen wurden auf dem bereits erwähnten Untersuchungsgelände im Leinetalgraben bei Göttingen gemacht. Die Schichtung des Bodens ist aus Abb. 7 zu ersehen. Abb. 10, Kurve a, zeigt die Abhängigkeit der Ausbreitungsgeschwindigkeit der vom Schwinger erregten Wellen von der Frequenz. Man erkennt die anfänglich starke Abnahme der Geschwindigkeit mit wachsender Frequenz (d. i. abnehmender Wellenlänge). Von etwa 18—20 Hz an bleibt die Ausbreitungsgeschwindigkeit bei allen höheren Frequenzen nahezu konstant. Erwähnt sei, daß Sprengungen auf demselben Boden Schwingungen von der Frequenz 11,8 Hz anregten, die sich mit der Geschwindigkeit 83 m/sec ausbreiteten. Wie Abb. 10 zeigt, haben die vom Schwinger ausgehenden Wellen gleicher Frequenz eine Ausbreitungsgeschwindigkeit von 260 m/sec. Es muß sich also hier um zwei verschiedene Wellenarten handeln. Vielleicht sind die durch Sprengung angeregten Wellen Biegungs- oder Schwerewellen.

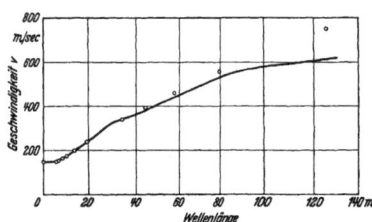

Abb. 11. Theoretische Dispersionskurve für Rayleighwellen in einem einfach geschichteten Untergrund und beobachtete Werte aus Abb. 10a.
Für die berechnete Kurve ist die Grenzgeschwindigkeit zu 150 m/sek, die Schichtdicke zu 5,8 m und das Verhältnis der Scherungsmoduln zu 1 : 20 angenommen.

Abb. 10 zeigt außerdem noch einige andere Kurven, die die Frequenzabhängigkeit der Ausbreitungsgeschwindigkeit für andere Böden darstellen. Während Kurve a durch unmittelbare Geschwindigkeitsmessung gewonnen wurde, wurden b, c_1, c_2 durch Berechnung der Geschwindigkeit aus der Phasenfrequenzkurve bestimmt. Um den Verlauf der Kurve b zu erklären, ist die Annahme von mindestens drei Schichten notwendig. Die Kurven c zeigen, daß sich die höheren Geschwindigkeitswerte einer tieferen Schicht in der Z-Komponente (c_1) bei viel kleineren Wellenlängen bemerkbar machen als in der $H_\perp$-Komponente (c_2).

Der formelmäßige Zusammenhang zwischen den Schichtdicken und der Frequenzabhängigkeit der Ausbreitungsgeschwindigkeit ist Ziel der Untersuchung. Die bisher vorliegenden Formeln der Theorie setzen meist einfachere Verhältnisse voraus als der Wirklichkeit entspricht, auch enthalten sie bestimmte Annahmen über die Natur der Wellen (Lovewellen — Rayleighwellen), denen die beobachteten Wellen nicht immer genügen. Am ehesten ist eine Anwendung der Theorie auf Kurve a möglich, bei der die beobachteten Schwingungen angenähert als Rayleighwellen angesehen werden können. Die theoretische

Kurve in Abb. 11 gilt für Rayleighwellen in einem einfach geschichteten Halbraum. Sie ist einer Arbeit von Sezawa und Kanai[1] entnommen und auf eine Schichtdicke von 5,8 m und eine Grenzgeschwindigkeit von 150 m/sec umgerechnet worden. In dieses Diagramm sind die beobachteten Werte aus Abb. 10a nach entsprechender Umrechnung eingetragen worden. Die Übereinstimmung ist gut. Nur bei großen Wellenlängen sind Abweichungen vorhanden, die offenbar darauf beruhen, daß die tieferen Schichten höherer Geschwindigkeit bei der Ableitung der theoretischen Kurve nicht berücksichtigt worden sind. Der Vergleich mit der Theorie ergibt also in Übereinstimmung mit den sonstigen Beobachtungen (vgl. Abb. 7) eine 5,8 m mächtige Schicht mit der Geschwindigkeit 150 m/sec. Diese Schicht ist nach der Theorie die oberste Schicht, in Wirklichkeit wird sie jedoch von einer 5—6 m mächtigen Schicht der Geschwindigkeit 260 m/sec überlagert, ohne daß anscheinend der Verlauf der Frequenz-Geschwindigkeitskurve dadurch wesentlich geändert wird.

Da die theoretische Kurve in Abb. 11, wie in der Unterschrift vermerkt ist, für ein Verhältnis des Schermoduls der oberen zu der unteren Schicht von 1 : 20 berechnet wurde und nur in diesem Fall Übereinstimmung mit den beobachteten Werten vorhanden ist, so ergibt sich mit dem früher benutzten Dichteverhältnis 0,8 aus diesem Verhältnis 1 : 20 die Geschwindigkeit in der untersten Schicht zu 600 m/sec. Die Beobachtung der durch Sprengungen angeregten Scherungswellen ergab den etwas geringeren Wert 555 m/sec.

d) Die Ausbreitungsgeschwindigkeit elastischer Wellen als Kennziffer für Baugrunduntersuchungen.

Wir haben zu Eingang dieses Abschnitts gesehen, daß die Ausbreitungsgeschwindigkeiten aller elastischen Wellen mit den elastischen Konstanten des Stoffes verknüpft sind, in dem sich diese Wellen ausbreiten. Man kann daher diese Ausbreitungsgeschwindigkeit selbst als elastische Konstante auffassen und aus ihrer Größe Schlüsse auf das Verhalten der untersuchten Stoffe ziehen. Insbesondere kann man die Ausbreitungsgeschwindigkeit als Kennziffer für Baugrunduntersuchungen verwenden.

Wie wir gesehen haben, sind die von einem Schwinger im Boden erregten Wellen in der Hauptsache Wellen, die wir unter dem Begriff „Scherungswellen" im Gegensatz zu den scherungsfreien Kompressionswellen zusammengefaßt haben. Wenn wir ihre Ausbreitungsgeschwindigkeiten stets nur in dem Frequenzbereich betrachten, in dem keine merkliche Frequenzabhängigkeit der Ausbreitungsgeschwindigkeit besteht, so wird sich diese Geschwindigkeit immer nur um einen kleinen Betrag von der der reinen Transversalwellen unterscheiden. Man könnte daher versucht sein, aus der Ausbreitungsgeschwindigkeit den Schubmodul G zu errechnen und diesen als Kennziffer einzuführen. Da aber, streng genommen, der Schubmodul nur für vollkommen elastische Stoffe definiert ist, alle Böden aber, soweit es sich nicht

Nr.	Bodenart	Ausbreitungsgeschwindigkeit, gemessen für Frequenzen von 20—25 Hz m/sec	Eigenschwingungszahl α für die Normalversuchseinrichtung Hz	Zulässige Bodenpressung kg/cm²
1	3 m Moor über Sand	80	4,0	0
2	Mehlsand	110	19,3	1,0
3	Tertiärer Ton, feucht	130	21,8	—
4	Lehmiger Feinsand	140	20,7	—
5	Feuchter Mittelsand	140	21,8	2,0
6	Juraton, feucht	150	—	—
7	Alte Anschüttung aus Sand und Schlacke	160	—	—
8	Mittelsand und Grundwasser	160	—	2,0
9	Mittelsand, trocken	160	22,0	2,0
10	Lehmiger Sand über Geschiebemergel	170	22,6	2,5
11	Kies mit Steinen	180	23,5	2,5
12	Lehm, feucht	190	23,5	—
13	Geschiebemergel	190	23,8	3,0
14	Feinsand mit 30% Mittelsand	190	24,2	1,5 [2]
15	Lehm, trocken, mit Kalkbrocken	200	25,3	—
16	Mittelsand in ungestörter Lage	220	—	4,0
17	Mergel	220	25,7	4,0
18	Mürber Keupersandstein	250	—	—
19	Diluvialer Löß, trocken	260	23,5	—
20	Kies unter 4 m Sand	330	—	4,5
21	Grobkies, dicht gelagert	420	30,0	4,5
22	Buntsandstein (verwittert)	500	32,0	²/₃ der zulässigen Druckspannung
23	Mittelharter Keupersandstein	650	—	
24	Buntsandstein (unverwittert)	1100	—	

---

[1] Sezawa und Kanai: Discontinuity in the Dispersion Curves of Rayleigh Waves. Bull. Earthqu. Res. Inst. 13 237—244 (1935).
[2] Lorenz, H.: Z. VDI 78 (1934), S. 379 ff.

14 Die Anwendung dynamischer Baugrunduntersuchungen.

gerade um Felsboden handelt, als mehr oder weniger plastisch anzusehen sind, hat der Schubmodul meist nur eine formale Bedeutung.

Man verfährt daher besser so, daß man die Ausbreitungsgeschwindigkeit in einer Reihe möglichst verschiedenartiger Böden mißt und diese Böden nach der Größe der gemessenen Ausbreitungsgeschwindigkeit ordnet.

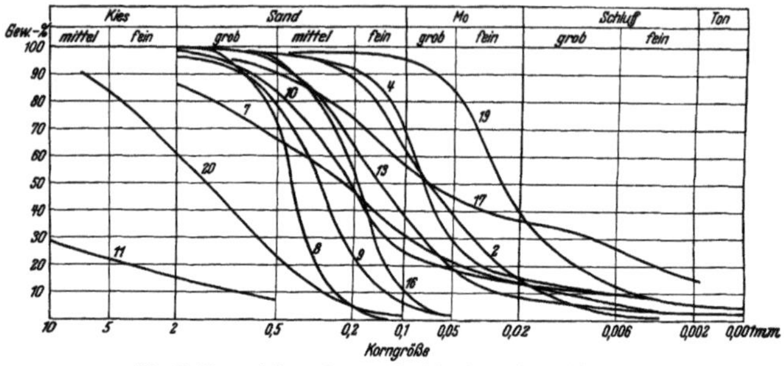

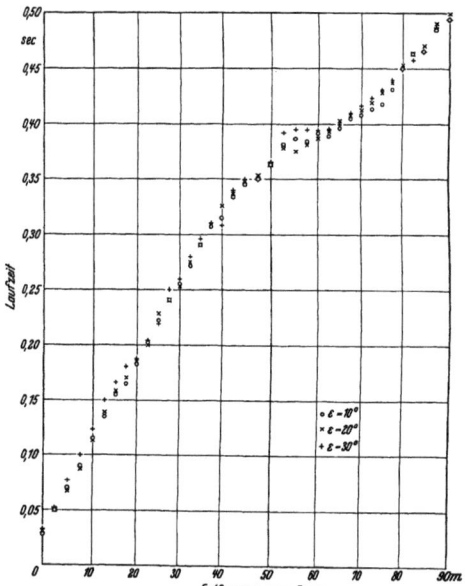

Abb. 12. Kornverteilungskurven für einige der untersuchten Böden.

In der Zusammenstellung auf S. 13 ist eine Reihe der bisher untersuchten Bodenarten, geordnet nach steigenden Ausbreitungsgeschwindigkeiten, gegeben. Zusammen mit der jeweils gemessenen Ausbreitungsgeschwindigkeit sind die mit der Normalversuchseinrichtung [1] bestimmten Werte der Eigenschwingungszahl α angegeben, soweit sie gemessen worden sind. Man ersieht aus der Zusammenstellung sofort, daß einer größeren Ausbreitungsgeschwindigkeit auch eine höhere Festigkeit des betreffenden Bodens entspricht. Da es aber wünschenswert erscheint, auch einen zahlenmäßigen Vergleich anzustellen, sind in der letzten Spalte die Werte der zulässigen Bodenpressung angegeben, die sich aus der Erfahrung und den vorläufigen Richtlinien für einheitliche, technische Baupolizeibestimmungen (DIN-Entwurf 2, E 1054) für die einzelnen Bodenarten ergeben. Für bindige Böden sind diese Werte weggelassen, weil für diese die Beziehung zwischen den gemessenen Zahlen und der zulässigen Bodenpressung noch zu wenig geklärt ist.

Die in der Zusammenstellung angeführten Böden sind bis auf Nr. 7 „gewachsene", d. h.

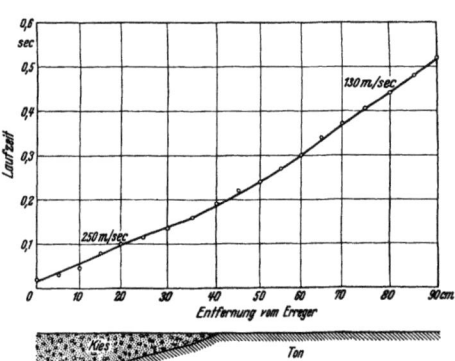

Abb. 13. Die Laufzeit elastischer Wellen von der Frequenz 20 Hz in Abhängigkeit von der Entfernung, gemessen bei drei verschiedenen Exzentrizitäten ε. Untergrund: Ton, von der Entfernung 40 m ab Kies.

Abb. 14. Änderung der Ausbreitungsgeschwindigkeit beim Übergang auf eine andere Bodenart.

ungestörte Böden. Man sieht, daß bis auf eine Ausnahme die Eigenschwingungszahl gleichzeitig mit der Ausbreitungsgeschwindigkeit anwächst.

Abb. 12 zeigt die Korngrößenverteilungskurven für eine Anzahl der untersuchten Böden. Die Zahlen in der Abbildung entsprechen den Nummern in der vorstehenden Zusammenstellung.

Die für einige der Bodenarten bestimmten Raumgewichte seien angegeben (s. Tabelle S. 15, oben).

---

[1] Schwingergewicht: 2700 kg, Grundfläche 1 m², Exzentrizität: 10°.

Die Ausbreitungsgeschwindigkeit elastischer Wellen im Boden. 15

Es ist nun noch nachzuweisen, daß die gemessenen Ausbreitungsgeschwindigkeiten unabhängig von den Versuchsbedingungen am Erreger sind. Bekanntlich wird die Größe der Eigenschwingungszahl α des Schwingers auf dem Boden stark von den Versuchsbedingungen (Exzentrizität, Schwingergewicht, Grundflächengröße) beeinflußt[1]. Für die Ausbreitungsgeschwindigkeit trifft dies nicht zu. Alle bisherigen Versuche haben ergeben, daß sie unabhängig von den Versuchsbedingungen am Schwinger ist. Abb. 13 zeigt ein Beispiel der bei verschiedenen Exzentrizitäten auf demselben Boden gemessenen Ausbreitungsgeschwindigkeit.

Bodenart Nr.	Raumgewicht	Bodenart Nr.	Raumgewicht
2	1,65	16	1,69
4	1,96	17	2,13
7	1,60	19	1,67
10	1,56	22	2,31
13	1,81	24	2,38

Die Abb. 14—16 zeigen, wie sich Veränderungen im Untergrund unter einer durchmessenen Strecke durch Veränderung der Ausbreitungsgeschwindigkeit bemerkbar machen. Im Falle Abb. 14 stand der Schwinger auf Mittelkies. Dieser Kies keilte in etwa 40 m Abstand von dem Erreger aus. In größerer Entfernung bestand die Oberflächenbedeckung aus Ton. Der Schichtenwechsel macht sich hier durch den

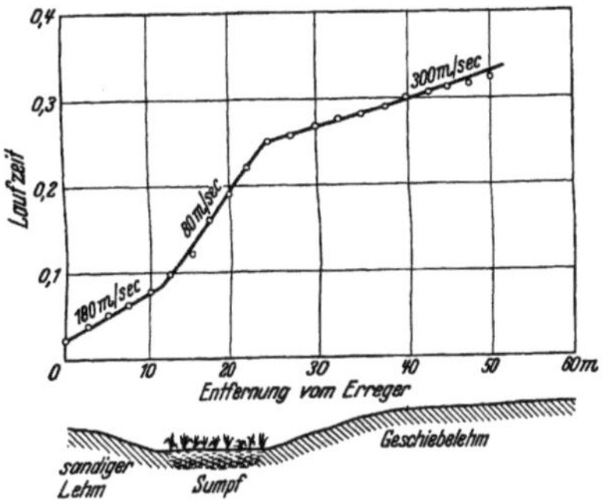

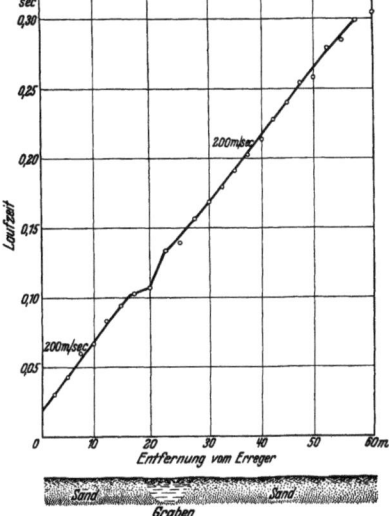

Abb. 15.
Änderung der Ausbreitungsgeschwindigkeit beim Messen über eine Sumpfwiese.

Abb. 16.
Einfluß eines überwachsenen, sumpfigen Grabens auf die Laufzeitkurve.

Übergang der Geschwindigkeit von 250 m/sec auf 130 m/sec bemerkbar. Abb. 15 zeigt das Ergebnis einer Geschwindigkeitsmessung auf einer Strecke, die zuerst über Geschiebemergel, dann durch eine Sumpfwiese läuft. In Abb. 16 ist der Einfluß eines Sumpfgrabens, der oberflächlich infolge der Bewachsung nicht mehr zu erkennen war, auf die Ausbreitungsgeschwindigkeit dargestellt.

Merkliche Unterschiede zwischen dem Gang der Ausbreitungsgeschwindigkeiten und dem der Eigenschwingungszahlen finden sich gelegentlich auf künstlich verdichteten Schüttungen, wie Dämmen u. dgl. Einige der gemessenen Werte sind in der folgenden Zusammenstellung angeführt:

Ausbreitungsgeschwindigkeit und Eigenschwingungszahl auf künstlich verdichteten Dämmen.

Dammaterial	Verdichtungsweise	Ausbreitungsgeschwindigkeit für $n = 20-25$ Hz m/sec	Eigenschwingungszahl α Hz
Mittelsand	unverdichtet	140	23,7
Mittelsand	geschlämmt und gestampft	160	24,3
Mittel-Feinsand ..	gestampft	180	23,0
Grobkies	unverdichtet	130	nicht meßbar
Grobkies	durch Einrüttelung verdichtet	150	21,2

---
[1] Lorenz, H.: Z. VDI 78 (1934), S. 379ff.

2*

Die schlechte Übereinstimmung zwischen der Eigenschwingungszahl und der Ausbreitungsgeschwindigkeit ist in diesen Fällen wohl darauf zurückzuführen, daß bei der künstlichen Verdichtung Scherfestigkeit und Druckfestigkeit nicht immer in der gleichen Weise verändert werden. Es kann also bei künstlicher Verdichtung vorkommen, daß die Ausbreitungsgeschwindigkeit sich durch die Verdichtung stark ändert, während die Eigenschwingungszahl nahezu konstant bleibt und umgekehrt.

Zu den Messungen der Ausbreitungsgeschwindigkeit ist noch zu bemerken, daß es in der Praxis in keinem Falle genügt, die Geschwindigkeit nur bei einer einzigen Frequenz zu messen. Man muß immer damit rechnen, daß durch Anregung von Eigenschwingungen, durch Reflexionen u. dgl. stehende Schwingungen entstehen können, die ein Einzelergebnis fälschen können. Daher muß stets eine Reihe von Messungen mit verschiedenen Frequenzen durchgeführt werden. Die Frequenzen, die sich für die Lösung der gestellten Aufgabe am besten eignen, ergeben sich dann durch Vergleich.

C. Die Interferenz elastischer Wellen im Untergrund.
Bearbeitet von A. Ramspeck.

a) Einleitung.

Bisher haben wir nur die Schwingungsphase der vom Erreger ausgehenden Wellen betrachtet, soweit ihre Kenntnis zur Ermittlung der Ausbreitungsgeschwindigkeit notwendig war. Wir wollen nun auch den Amplitudenverlauf der Wellen längs eines Strahls durch den Erreger untersuchen. Dazu müssen wir etwas näher auf den Vorgang der Wellenausbreitung eingehen.

Die Bodenschwingungen, die eine Schwingungsmaschine an ihrem Standort erregt, breiten sich von da allseitig im Boden aus. Erregt die Maschine sinusförmige, stationäre Bodenschwingungen, so wird in einem homogenen Halbraume an einem Punkte in der Entfernung s vom Erreger eine sinusförmige Bodenschwingung beobachtet werden, die die gleiche Frequenz hat wie die Schwingung des Erregers. Die Amplitude der Bodenschwingung an diesem Punkte wird entsprechend der Ausbreitung und der Absorption der Schwingungsenergie im Boden um so kleiner sein, je größer die Entfernung s vom Erreger ist. Die Schwingungsphase am Beobachtungsort unterscheidet sich von der zu gleicher Zeit am Erreger beobachteten um einen Betrag, der von der Entfernung s abhängt. Um die Entfernung s zu durchlaufen, brauchen nämlich die vom Erreger ausgehenden Wellen eine bestimmte Zeit t_s, so daß zu irgend einer Zeit t in einer Entfernung s vom Erreger die Phase auftreten wird, die t_s Sekunden früher am Erreger beobachtet wurde. Durch Beobachtung der gleichzeitig am Erreger und an einem Beobachtungsort in der Entfernung s von ihm auftretenden Schwingungsphasen kann man die Ausbreitungsgeschwindigkeit der Wellen bestimmen. Diese beiden Phasen unterscheiden sich nämlich um den zeitlichen Betrag t_s, wobei im einfachsten Falle des homogenen Halbraumes

$$t_s = \frac{s}{v}, \quad v = \text{Ausbreitungsgeschwindigkeit}$$

ist. Über die Messung der Ausbreitungsgeschwindigkeit und ihre Ergebnisse ist bereits ausführlich gesprochen worden. Hier soll hauptsächlich die Abhängigkeit der Schwingungsamplituden von der Entfernung s behandelt werden.

b) Phase und Amplitude im homogenen Halbraum.

Breiten sich die Wellen im homogenen Halbraum mit der Geschwindigkeit v aus, so wird eine bestimmte Schwingungsphase, die zur Zeit t_0 am Erreger herrscht, zur Zeit $t = t_0 + \frac{s}{v}$ am Beobachtungsort auftreten. Andererseits werden zu **gleicher Zeit** am Erreger eine Phase Φ_0 und am Beobachtungsort eine Phase Φ_s auftreten, wo Φ_s die Phase ist, die am Erreger vor der Zeit $t_s = \frac{s}{v}$ herrschte.

Schreiben wir also die drei Komponenten der Schwingung des Erregers so:

$$\left. \begin{aligned} x_0 &= X_0 \sin \omega (t + \chi_0) \\ y_0 &= Y_0 \sin \omega (t + \psi_0) \\ z_0 &= Z_0 \sin \omega (t + \varphi_0) \end{aligned} \right\} \quad (1)$$

so sind zu derselben Zeit t die Komponenten der Schwingung am Beobachtungsort gegeben durch

$$\left. \begin{aligned} x_s &= X_s \sin \omega \left(t + \chi_0 - \frac{s}{v}\right) \\ y_s &= Y_s \sin \omega \left(t + \psi_0 - \frac{s}{v}\right) \\ z_s &= Z_s \sin \omega \left(t + \varphi_0 - \frac{s}{v}\right). \end{aligned} \right\} \quad (2)$$

Zur Zeit t ist also z. B. für die z-Komponente am Erreger die Phase $\Phi_0 = \omega(t + \varphi_0)$, am Beobachtungsort $\Phi_s = \omega\left(t + \varphi_0 - \dfrac{s}{v}\right)$. Wir nennen Φ_0, Φ_s usw. die Phase, φ_0, $\varphi_0 - \dfrac{s}{v}$ usw. die Phasenkonstante der Schwingung. Die Phasenkonstante hat demnach die Dimension einer Zeit.

Die Schwingungsenergie der Bodenschwingungen nimmt im homogenen Halbraum vom Erreger aus nach allen Seiten hin gleichmäßig ab, wenn wir kugelförmige Ausbreitung der Wellen annehmen. Sehen wir zunächst von der Absorption ab, so entfällt auf ein Flächenelement dF in der Entfernung s_1 vom Erreger die Energiemenge

$$E_1 = \frac{E_0 \cdot dF}{4\pi s_1^2},$$

wenn E_0 die gesamte Schwingungsenergie ist, die auf der Kugel vom Radius 1 verteilt ist.

Die Schwingungsenergie auf dem Flächenelement dF in der Entfernung s_2 ist

$$E_2 = \frac{E_0 \cdot dF}{4\pi s_2^2},$$

also

$$E_2 = E_1 \cdot \frac{s_1^2}{s_2^2}. \tag{3}$$

Nun ist die maximale kinetische Energie z. B. der z-Komponente $z = z \sin\omega(t+\varphi)$ der Schwingung eines Massenelements dm gegeben durch

$$E_z = \frac{(\omega z)^2}{2} dm. \tag{4}$$

Ist also z_1 die Maximalamplitude der z-Komponente in der Entfernung s_1, z_2 die in der Entfernung s_2, so ist nach Formel (3) und (4)

$$z_2 = z_1 \frac{s_1}{s_2}. \tag{5}$$

Diese Formel gilt für die absorptionslose Ausbreitung von Raumwellen. Für Oberflächenwellen erhält man auf dieselbe Weise

$$z_2 = z_1 \sqrt{\frac{s_1}{s_2}}. \tag{6}$$

Findet nun außerdem noch eine Absorption der Schwingungsenergie im Boden statt, z. B. durch Umwandlung in Wärme, so tritt nach Mintrop[1] in die Formeln (5) und (6) noch ein zusätzliches Glied von der Form

$$e^{-\varkappa(s_2 - s_1)}.$$

Die Amplitude der z-Komponente in der Entfernung s_2 ist also gegeben durch

$$z_2 = z_1 \cdot \frac{s_1}{s_2} e^{-\varkappa(s_2 - s_1)} \tag{7}$$

für Raumwellen, durch

$$z_2 = z_1 \cdot \sqrt{\frac{s_1}{s_2}} e^{-\varkappa(s_2 - s_1)} \tag{8}$$

für Oberflächenwellen.

Die Energiequelle darf bei Anwendung dieser Formeln nicht als punktförmig angenommen werden, da sonst die Formel ihren Sinn verliert. Man muß hier annehmen, daß die Anfangsenergie E_0 auf dem Kreis oder der Kugel vom — beliebig kleinen — Radius s_0 gleichmäßig verteilt ist.

c) Phase und Amplitude im horizontal geschichteten Halbraum.

Wir wollen zunächst annehmen, in dem Halbraum befinde sich in der Tiefe T unter der Oberfläche eine horizontale Schichtgrenze. Oberhalb dieser Schichtgrenze mögen elastische Wellen mit der Geschwindigkeit v_1, unterhalb der Grenze mit der Geschwindigkeit v_2 wandern.

Wellen, die in der oberen Schicht wandern, gelangen auf geradem Wege vom Erreger zu irgendeinem Beobachtungsort in der Entfernung s an der Oberfläche. Aber auch Wellen, die durch die untere Schicht gewandert sind, treffen am Beobachtungsort ein. Breitet sich nämlich vom Erreger aus eine Kugelwelle aus, so wird sie nach einiger Zeit auf die Schichtgrenze in der Tiefe T auftreffen. Sie erregt dann in der tieferen Schicht eine Welle, die sich einerseits in dieser Schicht ausbreitet, andererseits auch durch die Schichtgrenze hindurch in die obere Schicht eintritt. Außerdem kann es vorkommen, daß Wellen an der Schichtgrenze reflektiert werden und so von unten her zum Beobachtungsort gelangen.

---

[1] Mintrop, L., s. A. Heinrich: Diss. Breslau. Bautechn. 1930.

Bei kurzdauernder, stoßartiger Erregung am Erregerort treffen im allgemeinen die durch den Stoß angeregten Bodenschwingungen, die durch die obere Schicht gewandert sind, zu anderer Zeit am Beobachtungsort ein als die, die durch tiefere Schichten gewandert sind. Die reflektierten Wellen kommen stets später an als die, welche auf direktem Wege entlang der Oberfläche zum Beobachtungsort gelangen. Man kann es dann durch geeignete Wahl der Entfernung zwischen Erreger und Beobachtungsort erreichen, daß die zuerst am Beobachtungsort eintreffenden Wellen bereits abgeklungen sind, wenn die auf den anderen Wege wandernden Wellen dort ankommen. Die von beiden Wellen am Beobachtungsort angeregten Bodenschwingungen stören sich dann also gegenseitig nicht, und man kann nach dem von Mintrop zuerst in der Praxis angewandten Verfahren die Laufzeiten der Wellen messen und aus ihnen die Tiefe ermitteln, in der die Schichtgrenze liegt.

Bei sinusförmiger stationärer Erregung am Erregerort aber werden am Beobachtungsort zu jeder Zeit Wellen, die durch die obere Schicht gelaufen sind, gleichzeitig ankommen mit solchen, die durch die untere Schicht gelaufen oder an ihr reflektiert worden sind. Beide Wellenarten werden sich also am Beobachtungsort überlagern zu einer resultierenden Schwingung. Amplitude und Phase dieser resultierenden Schwingung sollen jetzt näher betrachtet werden.

Wir betrachten nur die z-Komponente der am Beobachtungsort entstehenden Bodenschwingungen; für die übrigen Komponenten gilt Entsprechendes. Würden nur Wellen den Beobachtungsort erreichen, die an der Oberfläche entlang gelaufen sind, so wäre die Schwingung eines Bodenteilchens am Beobachtungsort bestimmt durch

$$z = z_1 \sin \omega (t - \varphi_1),$$

wenn z_1 die Amplitude und φ_1 die Phasenkonstante der Wellen durch die obere Schicht ist.

Entsprechend regen Wellen, die durch die untere Schicht gelaufen oder an ihr reflektiert worden sind, ein Bodenteilchen am Beobachtungsort an zu der Schwingung

$$z = z_2 \sin \omega (t - \varphi_2),$$

z_2 = Amplitude, φ_2 = Phasenkonstante dieser Wellen am Beobachtungsort.

Beide Schwingungen setzen sich am Beobachtungsort zusammen zu einer resultierenden Schwingung

$$z = z \sin \omega (t - \varphi) \tag{9}$$

Aus den bekannten Gesetzen für die Überlagerung zweier Schwingungen folgt

$$\left. \begin{array}{l} z^2 = z_1^2 + z_2^2 + 2 z_1 z_2 \cos \omega (\varphi_1 - \varphi_2) \\ \operatorname{tg} \omega \varphi = \dfrac{z_1 \sin \omega \varphi_1 + z_2 \sin \omega \varphi_2}{z_1 \cos \omega \varphi_1 + z_2 \cos \omega \varphi_2}. \end{array} \right\} \tag{10}$$

Diese Formeln können zur Ermittelung der Tiefe T, in der die Schichtgrenze unter der Oberfläche liegt, angewandt werden.

Aus Formel (10) ergibt sich, daß die Amplitude der zusammengesetzten Schwingung am Beobachtungsort dann einen kleinsten Wert annimmt, wenn

$$\cos \omega (\varphi_1 - \varphi_2) = -1,$$

einen größten, wenn

$$\cos \omega (\varphi_1 - \varphi_2) = +1.$$

Wir wollen nun untersuchen, wann

$$\cos \omega (\varphi_1 - \varphi_2) = \mp 1.$$

Wir setzen dazu für ω

$$\omega = 2 \pi n,$$

wo n die Frequenz der Schwingungen sei.

Nach Formel (2) ist φ_1, die Phasenkonstante der Welle durch die obere Schicht, in der Entfernung s vom Erreger

$$\varphi_1 = \varphi_0 - \frac{s}{v_1}. \tag{11}$$

Ähnlich ist

$$\varphi_2 = \varphi_0 - \varphi(v_1, v_2, s, T) + \varphi', \tag{12}$$

da ja die Phasenkonstante der durch die untere Schicht laufenden oder reflektierten Welle nicht nur von der Entfernung s zwischen Erreger und Beobachtungsort und den Geschwindigkeiten v_1 und v_2, sondern auch von der Tiefe T abhängt, in der die Grenze zwischen der oberen und unteren Schicht liegt. Dem trägt das Glied $\varphi(v_1, v_2, s, T)$ Rechnung. Außerdem können noch Phasensprünge, z. B. an der Grenzfläche, auftreten. Im allgemeinsten Fall ist also noch ein Glied φ' einzuführen, das diese Phasensprünge berücksichtigt. Hier wollen wir zunächst die Phasensprünge vernachlässigen. Wir setzen daher $\varphi' = 0$,

d. h. $\varphi_2 = \varphi_0 - \varphi$. Dann ist

$$\varphi_1 - \varphi_2 = \varphi(v_1, v_2, s, T) - \frac{s}{v_1}.$$

Mit Hilfe der Entfernung s, bei der ein Extremwert der Amplituden beobachtet wird, und der Geschwindigkeit v_1 kann dann aus

$$\cos \omega (\varphi_1 - \varphi_2) = \cos \omega \left(\varphi - \frac{s}{v_1}\right) = \mp 1$$

φ berechnet werden. Ist der analytische Ausdruck von φ bekannt, so folgt daraus eine Berechnungsweise für die Tiefe T. Im Falle reflektierter Wellen ist φ unabhängig von v_2. Weiter ist zunächst über die Funktion φ nichts bekannt. Um T wirklich berechnen zu können, müssen wir also bestimmte Annahmen über φ machen.

1. Gebrochene Wellen.

Wir wollen zuerst annehmen, die zweite Welle gelange auf folgendem Wege zum Beobachtungsort: Sie wandere zunächst vom Erreger aus senkrecht nach unten mit der Geschwindigkeit v_1 bis zur Schichtgrenze in der Tiefe T. Dann wandere sie von da mit der Geschwindigkeit v_2 in der unteren Schicht bis senkrecht unter den Beobachtungsort und steige dann zum Beobachtungsort hinauf mit der Geschwindigkeit v_1. Sie durchläuft also den Weg vom Erreger zum Beobachtungsort in der Zeit

$$\varphi(v_1, v_2, s, T) = \frac{2T}{v_1} + \frac{s}{v_2}.$$

Also ist

$$\varphi_1 - \varphi_2 = \frac{2T}{v_1} + s\left(\frac{1}{v_2} - \frac{1}{v_1}\right).$$

Wir erhalten demnach ein Minimum oder Maximum für die Amplitude der resultierenden Schwingung, wenn

$$\cos 2\pi n \left(\frac{2T}{v_1} + \frac{s}{v_2} - \frac{s}{v_1}\right) = \mp 1,$$

d. h. ein Minimum für

$$\pm 2\pi n \left(\frac{2T}{v_1} + \frac{s}{v_2} - \frac{s}{v_1}\right) = (2r \pm 1)\pi$$

und ein Maximum für

$$\pm 2\pi n \left(\frac{2T}{v_1} + \frac{s}{v_2} - \frac{s}{v_1}\right) = 2r\pi$$

$$\quad(13)$$

wobei

$$r = 0, 1, 2, 3, 4 \ldots$$

r soll die Ordnungszahl genannt werden.

Das Pluszeichen auf der linken Seite der Formeln (13) ist zu setzen, wenn die Welle entlang der Oberfläche früher ankommt als die andere, das Minuszeichen, wenn sie später ankommt.

Wir untersuchen nun nur die Bedingungen für das Entstehen eines Minimums. Die Bedingungen für das Auftreten eines Maximums lassen sich dann in derselben Weise ableiten.

Aus Formel (13) folgt die Bedingung für ein Amplitudenminimum

$$\pm \left[\frac{2T}{v_1} - s\left(\frac{1}{v_1} - \frac{1}{v_2}\right)\right] = \frac{2r \pm 1}{2} \frac{1}{n} \quad (14)$$

Ist $v_2 > v_1$ und kommt die Welle durch die obere Schicht eher an als die durch die untere, ist also das Pluszeichen zu setzen, so nimmt nach Formel (14) die Ordnungszahl mit wachsender Entfernung ab; kommt die tiefere Welle früher an, nimmt sie zu. Dort, wo beide Wellen zu gleicher Zeit ankommen, entsteht ein Maximum, und r wird Null. Für $r = 0$ wird nach Formel (13)

$$\frac{2T}{v_1} = s\left(\frac{1}{v_1} - \frac{1}{v_2}\right)$$

T muß stets positiv sein. Nimmt also für die bei einer bestimmten Frequenz beobachteten Extremwerte die Ordnungszahl mit der Entfernung ab, so ist in Formel (13) und (14) bei der Berechnung von T das Pluszeichen zu setzen. Nimmt sie mit der Entfernung zu, so ist das Minuszeichen zu setzen, wenn $v_2 > v_1$, das Pluszeichen, wenn $v_2 < v_1$. Für $v_2 < v_1$ nimmt die Ordnungszahl stets mit der Entfernung zu.

Beobachten wir die Bodenschwingung an einem Ort in der Entfernung s vom Erreger bei verschiedenen Frequenzen n, so folgt aus Formel (14), daß ein Minimum der Amplituden jedesmal dann be-

Die Interferenz elastischer Wellen im Untergrund.

obachtet werden muß, wenn
$$n = \frac{2r \pm 1}{2} \cdot \frac{\pm 1}{\frac{2T}{v_1} - s\left(\frac{1}{v_1} - \frac{1}{v_2}\right)}.$$
Zeichnen wir die Amplitude als Funktion der Frequenz auf, so müssen einander benachbarte Minima liegen bei den Frequenzen n_1 und n_2, $n_2 > n_1$, für die $r_1 = r_1$, $r_2 = r_1 + 1$ ist. Die Frequenzen, bei denen benachbarte Minima liegen, verhalten sich also wie

$$\frac{n_1}{n_2} = \frac{2r_1 + 1}{2r_1 + 3} \quad \text{oder} \quad \frac{n_1}{n_2} = \frac{2r_1 - 1}{2r_1 + 1}, \tag{15}$$

d. h. wie zwei aufeinanderfolgende ungerade Zahlen der natürlichen Zahlenreihe. Wir wollen die Ordnungszahl stets nach der zweiten der Formeln (15) berechnen. Die Frequenzen, bei denen benachbarte Maxima liegen, verhalten sich wie

$$\frac{n_1}{n_2} = \frac{r_1}{r_1 + 1}, \tag{15}$$

d. h. wie zwei aufeinanderfolgende Zahlen der natürlichen Zahlenreihe. Sind die Frequenzen n_1 und n_2 bekannt, so läßt sich aus dieser Formel die Ordnungszahl r für die Minima oder Maxima berechnen.

Aus Formel (14) folgt, daß im geschichteten Halbraum die Amplitude der resultierenden Schwingung nicht dauernd mit der Entfernung abnimmt. Sie nimmt vielmehr vom Erreger aus ab bis zu einem Minimum, wächst dann wieder an, nimmt später wieder ab, und so fort. Die Minima liegen bei den Entfernungen, die durch Formel (14) gegeben sind.

Wurden längs eines geradlinigen Profils bei konstanter Frequenz n benachbarte Amplitudenminima gefunden in den Entfernungen s_1 und s_2, $s_2 > s_1$, so ergibt sich aus Formel (14):

$$(s_2 - s_1)\left(\frac{1}{v_1} - \frac{1}{v_2}\right) = \pm \frac{1}{n},$$

je nachdem $v_1 \lessgtr v_2$, da hier für benachbarte Minima $r_2 = r_1 \pm 1$ ist.

Die Entfernungsdifferenz $s_2 - s_1$, in der benachbarte Minima auf einem geradlinigen Profil bei der Frequenz n liegen, ist also unabhängig von der Entfernung s vom Erreger. Wir wollen diesen Abstand zweier Minima mit $\Delta_n s$ bezeichnen. Es ist also

$$\frac{1}{v_1} - \frac{1}{v_2} = \frac{\pm 1}{n \cdot \Delta_n s}. \tag{16}$$

Aus dem Abstand $\Delta_n s$ können wir bei bekannter Frequenz die eine Geschwindigkeit bestimmen, wenn die andere bekannt ist.

Ist auf einem geradlinigen Profil in der Entfernung s_1 vom Erreger bei der Frequenz n_1 ein Minimum festgestellt worden und ein anderes bei der von n_1 nur wenig verschiedenen Frequenz $n_1 + \delta n$ in der Entfernung $s_1 + \delta s$, so folgt nach Formel (14), da man jetzt annehmen darf, daß für beide Minima r dasselbe ist:

$$\delta s \left(\frac{1}{v_1} - \frac{1}{v_2}\right) = \frac{2r+1}{2}\left(\frac{1}{n_1} - \frac{1}{n_1 + \delta n}\right). \tag{17}$$

Aus dieser Formel kann dann r für dieses Minimum bestimmt werden. Dann läßt sich aus Formel (14) die Tiefe T, in der die Schichtgrenze liegt, berechnen[1].

Bisher haben wir nur die Phasenverschiebungen behandelt, die durch die verschiedenen Laufzeiten der beiden Wellen bedingt sind. Eine Phasenverschiebung anderer Art, die unter Umständen eine große Rolle spielen kann, soll aber noch erwähnt werden:

Beobachtet man z. B. mit einem Seismographen, der lotrechte Schwingungen anzeigt, so wird dieser von der an der Oberfläche laufenden Welle die Komponente aufzeichnen, die senkrecht zur Ausbreitungsrichtung steht (Z). Von einer aus der Tiefe kommenden Welle aber wird hauptsächlich die Komponente den Seismographen beeinflussen, deren Schwingungsrichtung parallel der Ausbreitungsrichtung ist ($H_{||}$). Zwischen diesen beiden Komponenten besteht im allgemeinen von vornherein eine Phasenverschiebung, die das Ergebnis der Tiefenberechnung erheblich fälschen kann, wenn sie nicht berücksichtigt wird. Über den Einfluß dieser Phasenverschiebung auf die resultierende Bodenschwingung und über ihre Ermittelung sind z. Zt. noch Untersuchungen im Gange.

---
[1] Hier ist angenommen worden, daß der Hauptteil der Schwingungsenergie, der die zweite Schicht trifft, vom Erreger senkrecht nach unten gehe und auch von der zweiten Schicht aus senkrecht nach oben zum Beobachtungsort wandere. Es ist natürlich durch nichts bewiesen, daß die Wellen durch die untere Schicht gerade diesen Weg nehmen. Mit dieser Annahme vereinfacht sich jedoch die Rechnung etwas. Man kann auch andere Annahmen über den Weg der zweiten Welle machen und muß dann nur das erste Glied in Formel (17) entsprechend umgestalten. Die Folgerungen, die wir aus Formel (14) gezogen haben, bleiben von der Wahl des angenommenen Weges für die gebrochene Welle unberührt.

2. Reflektierte Wellen.

Dringt die zweite Welle nicht in die untere Schicht ein, sondern wird sie an der Schichtgrenze nach dem Beobachtungsort hin reflektiert, so durchläuft sie den Weg Erreger — Beobachtungsort in der Zeit

$$\varphi(s, T) = \frac{1}{v_1} \sqrt{s^2 + 4 T^2}.$$

Minima der Amplituden treten dann auf, wenn

$$\frac{1}{v_1} \cdot \left(\sqrt{s^2 + 4 T^2} - s\right) = \frac{2r+1}{2} \cdot \frac{1}{n}. \tag{18}$$

Die Abstände benachbarter Minima voneinander sind hier nicht unabhängig von der Entfernung vom Erreger. Schreiben wir in Formel (18)

$$\frac{2r+1}{2} = \varrho, \quad \frac{v_1}{n} = \lambda,$$

so wird

$$4 T^2 = \varrho^2 \lambda^2 + 2 \varrho \lambda s. \tag{19}$$

Aus Formel (19) ergibt sich, daß die Minima um so näher am Erreger liegen, je höher ihre Ordnungszahl r und damit ϱ ist, weil bei wachsendem ϱ nach Formel (19) s immer kleiner werden muß.

Der Abstand $s_2 - s_1$ ($s_2 > s_1$) zweier benachbarter Minima auf einem Profil ergibt sich aus Formel (19) wie folgt:

$$(\varrho_2^2 - \varrho_1^2)\lambda^2 + 2(\varrho_2 s_2 - \varrho_1 s_1)\lambda = 0.$$

Nach dem oben gefundenen Satz, daß die Minima um so näher am Erreger liegen, je größer ihr zugehöriges ϱ ist, ist

$$\varrho_1 = \varrho_2 + 1.$$

Also lautet die Formel nach Division mit λ:

$$-(2\varrho_2 + 1)\lambda + 2(\varrho_2[s_2 - s_1] - s_1) = 0$$

oder

$$s_2 - s_1 = \frac{2 s_1 + \lambda(2\varrho_2 + 1)}{2\varrho_2} = \Delta_n s.$$

Nehmen wir an

$$\varrho_1 = \frac{2r+3}{2}, \quad \varrho_2 = \frac{2r+1}{2},$$

so wird

$$\Delta_n s = 2 \cdot \frac{s_1 + (r+1)\lambda}{2r+1} \tag{20}$$

$\Delta_n s$ hängt also von der Entfernung vom Erreger ab.

Die größte Entfernung vom Erreger, in der bei Reflexion noch ein Minimum auftreten kann, liegt bei

$$s = \frac{4 T^2 - \frac{\lambda^2}{4}}{\lambda}, \tag{21}$$

wie sich aus Formel (19) durch Einsetzen von

$$\varrho = \tfrac{1}{2}\,(r = 0)$$

ergibt.

3. Die Laufzeitkurve.

Im homogenen Halbraum ist, wie wir gesehen haben, die Ausbreitungsgeschwindigkeit gegeben durch

$$v = \frac{s_2 - s_1}{t_2 - t_1},$$

wo t_1 und t_2 die Zeiten sind, zu denen eine bestimmte Schwingungsphase Φ an Punkten in den Entfernungen s_1 und s_2 vom Erreger beobachtet wird. Dabei ist $t_1 = t_0 + \frac{s_1}{v}$, $t_2 = t_0 + \frac{s_2}{v}$, wenn t_0 die Zeit ist, zu der die Phase Φ am Erreger beobachtet wurde. Wir bezeichnen nun nach Formel (2) und (11):

$$\frac{s_1}{v} = \varphi_{s_1}, \quad \frac{s_2}{v} = \varphi_{s_2}.$$

Also ist

$$t_2 - t_1 = \varphi_{s_2} - \varphi_{s_1},$$

d. h.

$$v = \frac{s_2 - s_1}{\varphi_{s_2} - \varphi_{s_1}}.$$

Die Interferenz elastischer Wellen im Untergrund.

Im geschichteten Halbraum ist nach Formel (10)
$$\operatorname{tg}\omega\varphi = \frac{z_1 \sin \omega\varphi_1 + z_2 \sin \omega\varphi_2}{z_1 \cos \omega\varphi_1 + z_2 \cos \omega\varphi_2}.$$
Die Phasendifferenz $\omega(\varphi' - \varphi)$ für die Entfernungen s' und s ist hier gegeben durch
$$\operatorname{tg}\omega(\varphi'-\varphi) = \frac{z_1 z_1' \sin \omega(\varphi_1'-\varphi_1) + z_1 z_2' \sin \omega(\varphi_2'-\varphi_1) + z_2 z_1' \sin \omega(\varphi_1'-\varphi_2) + z_2 z_2' \sin \omega(\varphi_2'-\varphi_2)}{z_1 z_1' \cos \omega(\varphi_1'-\varphi_1) + z_1 z_2' \cos \omega(\varphi_2'-\varphi_1) + z_2 z_1' \cos \omega(\varphi_1'-\varphi_2) + z_2 z_2' \cos \omega(\varphi_2'-\varphi_2)}. \quad (22)$$
Dividieren wir Zähler und Nenner durch $z_1 \cdot z_1'$ und setzen wir
$$\frac{z_2}{z_1} = \zeta, \quad \frac{z_2'}{z_1'} = \zeta',$$
so wird
$$\operatorname{tg}\omega(\varphi'-\varphi) = \frac{\sin \omega(\varphi_1'-\varphi_1) + \zeta' \sin \omega(\varphi_2'-\varphi_1) + \zeta \sin \omega(\varphi_1'-\varphi_2) + \zeta\zeta' \sin \omega(\varphi_2'-\varphi_2)}{\cos \omega(\varphi_1'-\varphi_1) + \zeta' \cos \omega(\varphi_2'-\varphi_1) + \zeta \cos \omega(\varphi_1'-\varphi_2) + \zeta\zeta' \cos \omega(\varphi_2'-\varphi_2)}. \quad (23)$$
Aus Formel (23) sehen wir: werden ζ und ζ' wesentlich kleiner als 1, sind also die Amplituden der Welle, die durch die obere Schicht gelaufen ist, sehr viel größer als die Amplituden in der anderen Schicht, so wird
$$\operatorname{tg}\omega(\varphi'-\varphi) = \operatorname{tg}\omega(\varphi_1'-\varphi_1),$$
d. h. da die Phase der Wellen in der oberen Schicht für die Entfernung s, φ_1, gegeben ist durch
$$\varphi_1 = \frac{s}{v_1},$$
$$\varphi' - \varphi = \frac{s'-s}{v_1}.$$
Die Ausbreitungsgeschwindigkeit der resultierenden Welle wird also gleich der Ausbreitungsgeschwindigkeit in der oberen Schicht.

Ist
$$z_2 \gg z_1, \quad z_2' \gg z_1',$$
so werden ζ und ζ' sehr groß gegen 1, d. h.
$$\operatorname{tg}\omega(\varphi'-\varphi) = \operatorname{tg}\omega(\varphi_2'-\varphi_2).$$
Da für die Wellen durch die untere Schicht
$$\varphi_2 = \frac{2T}{v_1} + \frac{s}{v_2},$$
wird
$$\varphi' - \varphi = \frac{s'-s}{v_2},$$
d. h. die Ausbreitungsgeschwindigkeit der resultierenden Welle wird gleich der Geschwindigkeit in der unteren Schicht.

Wir suchen nun die Bedingungen dafür, daß
$$\zeta, \zeta' < 1$$
und
$$\zeta, \zeta' > 1$$
ist.

Wir wollen annehmen, in der Entfernung 1 vom Erreger habe die Welle durch die obere Schicht die Amplitude z_{10}, die durch die untere Schicht die Amplitude z_{20}, $z_{10} > z_{20}$; der Absorptionskoeffizient in der oberen Schicht sei $\varkappa_1$, der in der unteren Schicht $\varkappa_2$, und es sei $\varkappa_1 > \varkappa_2$. Der Energieverlust, den die Wellen auf dem Weg vom Erreger zur Schichtgrenze und von der Schichtgrenze zum Beobachtungsort erleiden, soll vernachlässigt werden. Dann ist in der Entfernung s'
$$\left. \begin{array}{l} z_1 = z_{10} \cdot \dfrac{1}{s'} \cdot e^{-\varkappa_1 (s'-1)} \\[4pt] z_2 = z_{20} \cdot \dfrac{1}{s'} \cdot e^{-\varkappa_2 (s'-1)} \\[4pt] \dfrac{z_2}{z_1} = \dfrac{z_{20}}{z_{10}} \cdot e^{(\varkappa_1 - \varkappa_2)(s'-1)}. \end{array} \right\} \quad (24)$$
Es sei
$$\frac{z_{20}}{z_{10}} = A^{-1}.$$
Dann ist
$$\frac{z_2}{z_1} = 1,$$

wenn

$$s' = 1 + \frac{\log \operatorname{nat} A}{\varkappa_1 - \varkappa_2}.\qquad(25)$$

Ist

$$s' < 1 + \frac{\log \operatorname{nat} A}{\varkappa_1 - \varkappa_2},$$

so ist die resultierende Geschwindigkeit $v \approx v_1$, ist

$$s' > 1 + \frac{\log \operatorname{nat} A}{\varkappa_1 - \varkappa_2},$$

so ist

$$v \approx v_2.$$

Wir erhalten also im geschichteten Halbraum dann eine gebrochene Linie als Laufzeitkurve, wenn die Absorptionskoeffizienten voneinander verschieden sind und die Anfangsamplitude in der Schicht am größten ist, die den größten Absorptionskoeffizienten besitzt. Außerdem sind nach Formel (22) die einzelnen Stücke der gebrochenen Linie keine strengen Geraden, sondern Wellenlinien. Abb. 17 zeigt schematisch den Verlauf der Amplituden-Entfernungs- und der Laufzeitkurve in einem geschichteten Halbraum.

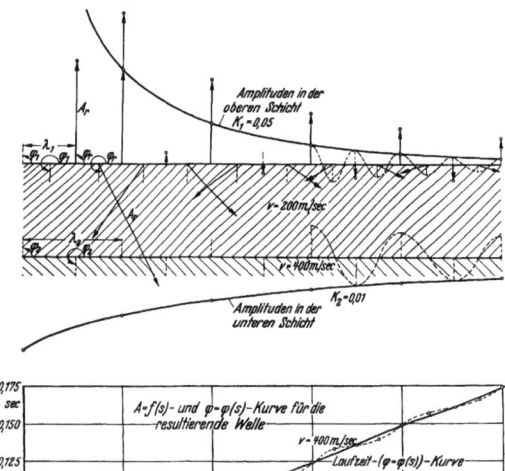

Im oberen Teil der Abbildung ist die graphische Bestimmung der resultierenden Amplitude und Phase aus den Amplituden und Phasen zweier Einzelwellen dargestellt. Dabei ist angenommen, daß eine Welle an der Oberfläche der oberen Schicht mit der Geschwindigkeit $v_1 = 200$ m/sec, die zweite an der Oberfläche der unteren Schicht mit der Geschwindigkeit $v_2 = 400$ m/sec entlang laufe. Die Abnahme der Amplituden mit der Entfernung in beiden Schichten ist durch zwei Exponentialkurven dargestellt. Der Absorptionskoeffizient in der oberen Schicht wurde zu $k = 0,05$, in der unteren Schicht zu $k = 0,01$ angenommen. Für jede Entfernung lassen sich die Amplituden der Einzelwellen ihrer absoluten Größe nach aus den Exponentialkurven, die Phasen der Einzelwellen aus der Zeichnung ersichtlichen Unterteilung der Entfernung in Wellenlängen entnehmen. Die Abbildung stellt dabei den Schwingungszustand längs der ganzen Strecke zu einem bestimmten Zeitpunkt dar. Zu diesem Zeitpunkt ist z. B. nach der Zeichnung in der Entfernung 32,5 m die Phase der oberen Welle $2\,r_1\pi + \tfrac{3}{2}\pi$, die der unteren Welle $2\,r_2\pi + \pi$, wo r_1 und r_2

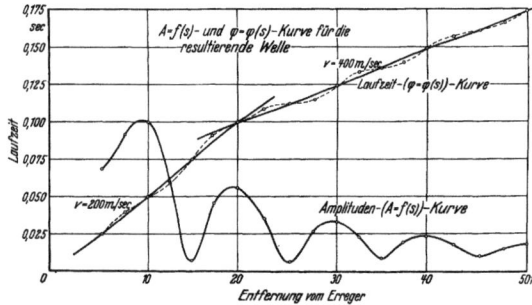

Abb. 17. Schematische Darstellung zur Interferenz zweier Einzelwellen von gleicher Frequenz, aber verschiedener Weg- und Wellenlänge und verschieden starker Absorption.

$\lambda_{1,2}$ = Wellenlängen
$\varphi_{1,2}$ = Phasen $\Big\}$ der Einzelwellen
A_r = Amplitude
φ_r = Phase $\Big\}$ der resultierenden Welle.

die Anzahl der ganzen Wellenlängen sind, die auf diese Entfernung entfallen (oben $r_1 = 6$, unten $r_2 = 3$). Phase und Amplitude der resultierenden Schwingung ergeben sich dann durch vektorielle Addition der Amplituden der Einzelwellen unter Berücksichtigung der zugehörigen Einzelphasen. Die absoluten Beträge der resultierenden Amplituden sind in der Abbildung durch die Länge der Pfeile, die resultierenden Phasen durch deren Winkel mit der Fortpflanzungsrichtung (gemessen entgegen dem Uhrzeigersinn) dargestellt. Im unteren Teil der Abb. 17 sind die Amplituden und Phasen der resultierenden Welle als Funktion der Entfernung aufgetragen, die Amplituden ihrem absoluten Betrage nach, die Phasen in Sekunden. Man erkennt die Maxima und Minima in der Amplitudenkurve; ferner sieht man, daß die Werte für die Phasen streng genommen auf einer Wellenlinie liegen. Die mittlere Neigung dieser Wellenlinie gegen die Ordinate entspricht unterhalb der Entfernung 20 m, bei der die beiden Einzelamplituden gleich groß sind, der Geschwindigkeit in der oberen, oberhalb dieser Entfernung der Geschwindigkeit in der unteren Schicht, wie nach Formel (25) zu erwarten.

d) Halbraum mit geneigten Schichtgrenzen.

Wir wollen wieder nur eine Schichtgrenze in dem Halbraum annehmen. Diese Grenze soll nun aber gegen die Oberfläche um den Winkel β geneigt sein. Dabei soll β positiv gezählt werden, wenn die Schicht vom Erreger zum Beobachtungsort ansteigt, negativ, wenn sie vom Erreger aus abfällt.

Der Verlauf der Wellen durch die untere Schicht werde so angenommen wie die Abb. 18 zeigt[1].

Die Zeit, die die Welle in der oberen Schicht braucht, um vom Erreger zum Beobachtungsort zu kommen, ist

$$t_1 = \frac{s}{v_1};$$

die Laufzeit der unteren Welle

$$t_2 = \frac{T_0 + T_s}{v_1} + \frac{s}{v_2 \cos \beta}$$

oder

$$t_2 = \frac{2 T_0 - s \, \text{tg} \, \beta}{v_1} + \frac{s}{v_2 \cos \beta}.$$

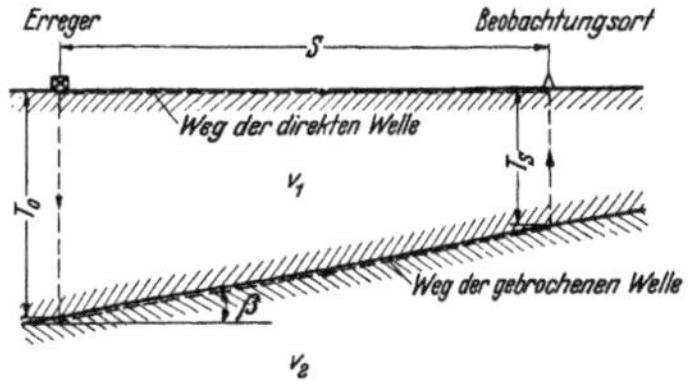

Die Phasendifferenz zwischen beiden Wellen am Beobachtungsort ist also

Abb. 18. Angenommener Wellenweg bei geneigten Schichten.

$$\varphi_2 - \varphi_1 = \frac{2 T_0}{v_1} - s \left(\frac{\sin \beta + \cos \beta}{v_1} - \frac{1}{v_2} \right) \cdot \frac{1}{\cos \beta}.$$

Minima der Amplituden sind demnach zu erwarten bei

$$\frac{2 T_0}{v_1} - \frac{s}{\cos \beta} \left(\frac{\sin \beta + \cos \beta}{v_1} - \frac{1}{v_2} \right) = \frac{2r+1}{2} \frac{1}{n}. \tag{26}$$

Der Abstand zweier Minima, $\Delta_n s$, ergibt sich aus:

$$\frac{\Delta_n s}{\cos \beta} \left(\frac{\sin \beta + \cos \beta}{v_1} - \frac{1}{v_2} \right) = \frac{1}{n}. \tag{27}$$

$\Delta_n s$ ist also auch für geneigte Schichten unabhängig vom Abstand vom Erreger, solange die Neigung konstant bleibt. Mißt man aber $\Delta_n s$ nach zwei entgegengesetzten Richtungen vom Erreger aus, so ergibt sich aus Formel (27), daß die Minima in der Richtung des Ansteigens ($\beta > 0$) der unteren Schicht enger zusammenrücken als in der Richtung des Abfalls ($\beta < 0$).

Legen wir durch den Erregerort mehrere Profile nach verschiedenen Richtungen und bestimmen wir auf ihnen für eine Frequenz n die Lage der einzelnen Minima, so werden, wenn die untere Schicht horizontal liegt, auf allen Profilen die einzelnen Minima in gleichen Abständen vom Erreger liegen. Verbindet man also die Punkte im Gelände, an denen Minima mit der gleichen Ordnungszahl r auftreten, miteinander, so sind die Verbindungslinien konzentrische Kreise. Denn nach Formel (14) ist für horizontale Schichtung

$$\frac{2T}{v_1} - s \left(\frac{1}{v_1} - \frac{1}{v_2} \right) = \frac{2r+1}{2} \frac{1}{n},$$

der Abstand $\Delta_n s$ also unabhängig vom Azimut.

Ist die untere Schicht dagegen geneigt, so werden die Verbindungslinien der Minima, die zu demselben Werte von r gehören, keine Kreise sein. Denn im allgemeinen wird die Neigung β der unteren Schicht vom Azimut abhängen. Dann hängt nach Formel (27) auch $\Delta_n s$ vom Azimut ab. Die Verbindungslinien werden dann nach den Richtungen am stärksten von konzentrischen Kreisen abweichen, nach denen hin die Neigung β am größten ist.

e) Auswertungsbeispiele.

α) Die Versuche fanden auf einem nahezu ebenen Gelände im Göttinger Leinetalgraben statt. Das Schichtenprofil unter dem Maschinenstandort war durch Bohrungen bis zu einer Tiefe von 10,7 m bekannt

---

[1] Dieser angenommene Weg für die Wellen stellt natürlich ebenfalls nur eine Näherung dar, die deshalb gewählt wurde, weil sich auf diese Weise die Rechnung etwas einfacher gestaltet. Der Fehler, den man gegenüber dem wirklichen Verlauf der Wellen durch die untere Schicht (der übrigens nicht bekannt ist!) begeht, wird in vielen Fällen unwesentlich sein.

26   Die Anwendung dynamischer Baugrunduntersuchungen.

(s. Abb. 7b). Es war:

$$\left.\begin{array}{l}\text{0 — 3,5 m lehmiger Feinsand, trocken}\\ \text{3,5— 4,5 m ,, ,, feucht}\\ \text{4,5— 9,5 m grauer Ton, naß}\\ \text{5,8 m Grundwasser}\end{array}\right\}\text{diluvial}$$

$$\left.\begin{array}{l}\text{9,5—10,7 m graugrüner, sehr fetter Ton, feucht}\\ \text{von 10,7 m an schwarzer, sehr fester Ton, trocken}\end{array}\right\}\text{Lias}$$

Die Schwingungsmaschine stand zunächst an der Oberfläche auf Maschinenstandort M I, dann in einer Grube von 1,30 m Tiefe, M II, und zuletzt 3 m unter der Geländeoberkante, M III. Auf dem Standort M I betrug die Eigenschwingungszahl α, die sich aus der Auswertung der auf der Maschine aufgenommenen Amplituden- und Leistungskurven ergibt (s. Heft 1 der Veröffl.).

$$\alpha = 23,5 \text{ Hertz}$$

für die Normalapparatur.

Die Amplituden der Z-Komponente der von der Maschine erregten Bodenschwingungen wurden in verschiedenen Entfernungen von der Maschine längs geradliniger Profile als Funktion der Frequenz mit Hilfe mechanischer, dann als Funktion der Entfernung (bei konstanter Frequenz) mit einem elektrischen Seismographen aufgezeichnet. Die Darstellung der Amplitude als Funktion der Frequenz sei kurz als $A = f(n)$-Kurve bezeichnet, die Darstellung der Amplitude als Funktion der Entfernung als $A = f(s)$-Kurve.

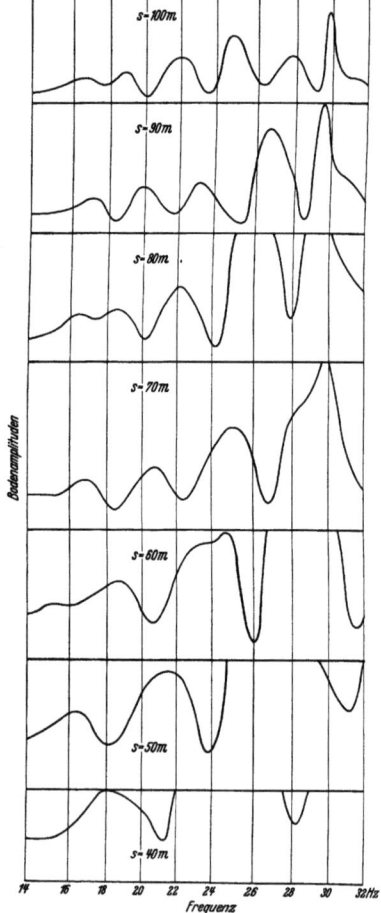

Abb. 19. Die Bodenamplituden als Funktion der Frequenz, aufgenommen in verschiedenen Entfernungen vom Erreger ($A = f(n)$-Kurven). Untergrund: lehmiger Feinsand, darunter Ton.

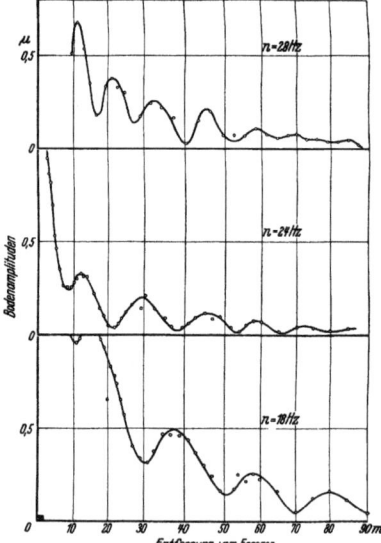

Abb. 20. Die Bodenamplituden als Funktion der Entfernung vom Erreger bei gleichbleibender Frequenz für die Frequenzen $n = 18$ Hz 24 Hz, 28 Hz ($A = f(s)$-Kurven). Untergrund: lehmiger Feinsand, darunter Ton.

Abb. 19 zeigt die in verschiedenen Entfernungen auf dem Profil I (von M I gegen Nord) gemessenen $A = f(n)$-Kurven, Abb. 20 die auf demselben Profil und für denselben Erregerstandort M I bestimmten $A = f(s)$-Kurven für einige Frequenzen.

Abb. 21 gibt die bei verschiedenen Frequenzen gemessenen Geschwindigkeiten der vom Erreger ausgehenden Wellen wieder. Diese „Laufzeitkurven" der Wellen wollen wir $\varphi(s)$-Kurven nennen.

Alle $A = f(n)$- und $A = f(s)$-Kurven weisen eine Reihe von Amplitudenminima auf. So liegen z. B. bei der in der Entfernung $s = 70$ m gemessenen $A = f(n)$-Kurve nach Abb. 19 zwei benachbarte Minima bei den Frequenzen $n_1 = 18,4$ und $n_2 = 22,5$ Hz. Nach Formel (15) ergibt sich aus

$$\frac{n_1}{n_2} = \frac{2r-1}{2r+1}$$

die Ordnungszahl $r = 5$.

Bei 90 m Entfernung liegen bei $n = 18,3$ und $n = 21,7$ Hz benachbarte Minima. Hier ergibt sich die Ordnungszahl $r = 6$. Die Ordnungszahl wächst also mit der Entfernung. Zunächst bestimmen wir nun aus einem der gemessenen Profile (Abb. 20) $\frac{1}{v_1} - \frac{1}{v_2}$. Nach Formel (16) ist

$$\frac{1}{v_1} - \frac{1}{v_2} = \frac{\pm 1}{n \cdot \Delta_n s}$$

$\Delta_n s$ ist dabei der Abstand benachbarter Minima auf dem Profil. Entnehmen wir diese Abstände und die zugehörigen Frequenzen aus Abb. 20, so erhalten wir im Mittel

$$\frac{1}{v_1} - \frac{1}{v_2} = \pm 0,00289.$$

Nun ist zu entscheiden, ob $v_1 \lessgtr v_2$ ist. Nach der Bemerkung zu Formel (13) und (14) muß, wenn $v_1 < v_2$ ist, die Formel

$$s\left(\frac{1}{v_1} - \frac{1}{v_2}\right) - \frac{2T}{v_1} = \frac{2r+1}{2} \frac{1}{n}$$

einen positiven Wert für T ergeben, weil die Ordnungszahl mit der Entfernung wächst. Setzen wir in diese Formel die oben gefundenen Werte, z. B. $s = 70$ m, $n = 22,5$ Hz, ein, so ergibt sich

$$0,202 - \frac{2T}{v_1} = 0,244.$$

Das gibt aber einen negativen Wert von T. Also kann nur $v_1 > v_2$, d. h.

$$\frac{1}{v_1} - \frac{1}{v_2} = -0,00289 \text{ sein}.$$

Dann wird nach Formel (14), jetzt mit dem Pluszeichen, da $v_2 < v_1$,

$$\frac{2T}{v_1} + 0,202 = 0,244$$

$$\frac{2T}{v_1} = 0,042$$

v_1 ist noch zu bestimmen. Die Geschwindigkeitsmessung ergab bei 24 und 28 Hz nach Abb. 21 zwei Geschwindigkeiten, nämlich 150 m/sec

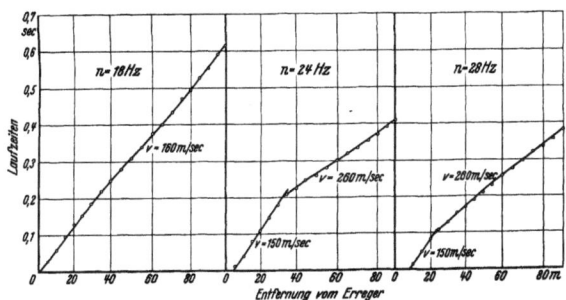

Abb. 21. Die Laufzeit und Geschwindigkeit als Funktion der Entfernung vom Erreger bei gleichbleibender Frequenz, aufgenommen für die Frequenzen 18, 24, 28 Hz ($\varphi = \varphi(s)$-Kurven). Untergrund: lehmiger Feinsand, darunter Ton.

und 260 m/sec[1]. Setzen wir versuchsweise an $v_1 = 260$ m/sec, $v_2 = 150$ m/sec, so ergibt $\frac{1}{v_1} - \frac{1}{v_2}$ $= -0,00282$ in guter Übereinstimmung mit dem oben aus $\Delta_n s$ berechneten Wert. Wir sind also berechtigt, $v_1 = 260$ m/sec zu setzen. Damit ergibt sich

$$T = 5,5 \text{ m}.$$

Diese Tiefe stimmt nahezu genau mit der überein, in der in der Bohrung das Grundwasser angetroffen wurde.

Sprengungen auf demselben Profil, auf dem die Schwingungsmessungen vorgenommen wurden, ergaben eine Oberflächenschicht von etwa 5 m Mächtigkeit, in der die Longitudinalwellengeschwindigkeit 6—800 m/sec betrug. Darunter folgt eine Schicht, in der die Longitudinalwellen sich mit der Geschwindigkeit 1500 m/sec ausbreiten. In rund 10 m Tiefe folgt dann eine dritte Schicht, in der die Geschwindigkeit der Longitudinalwellen 2500 m/sec beträgt. Tiefere Schichten wurden mit Hilfe von Sprengungen nicht gefunden.

b) Bei einer anderen Untersuchung wurde bei einer Frequenz von 25 Hz der in Abb. 22 wiedergegebene Amplitudenverlauf gefunden. Eine Bohrung hatte ergeben, daß unter dem Strahl, auf dem diese Ampli-

---

[1] Bei 18 Hz wurde nur eine Geschwindigkeit gemessen, nämlich 160 m/sec. Sie ist also größer als die bei 24 und 28 Hz auftretende von 150 m/sec. Die Abhängigkeit der Geschwindigkeit von der Frequenz ist in Abb. 10a dargestellt und dort näher besprochen worden.

tuden gemessen wurden, Mittelsand bis zu einer Tiefe von etwa 16,5 m lag. Dann folgte ein verwitterter Keupersandstein unbekannter Mächtigkeit. Die gemessenen Geschwindigkeiten betragen 160 m/sec und 250 m/sec. Ordnet man dem Sand die Geschwindigkeit von 160 m/sec, dem mürben Sandstein die von 250 m/sec zu, so wird $\frac{1}{v_1} - \frac{1}{v_2} = 0,00225$. Für $n = 25$ Hz ergibt sich daraus $\varDelta_n s = 18$ m. Tatsächlich haben die in der Abbildung auftretenden Extremwerte der Amplituden diesen Abstand voneinander. Aus

$$\frac{2T}{v_1} - s\left(\frac{1}{v_1} - \frac{1}{v_2}\right) = r\frac{1}{n}$$

folgt dann, daß Maxima liegen müssen bei $s = 20$ m, 38 m, 56 m, 74 m, 92 m. Die durch Messung gefundenen Maxima liegen nahezu genau an den gleichen Stellen.

c) Über einem alten Flußlauf wurde bei der Frequenz $n = 22$ Hz die Ausbreitungsgeschwindigkeit $v = 140$ m/sec gefunden. Zwei Amplitudenminima lagen bei den Entfernungen $s = 8$ m und $s = 19$ m. Da bis 40 m Entfernung keine weiteren Minima gefunden wurden, wurde angenommen, daß hier Interferenz mit reflektierten Wellen vorliegt. Nach Formel (18) müßte also sein

$$\frac{1}{140}\left(\sqrt{64 + 4T^2} - 8\right) = \frac{2r+1}{2} \cdot \frac{1}{22}$$

$$\frac{1}{140}\left(\sqrt{361 + 4T^2} - 19\right) = \frac{2r-1}{2} \cdot \frac{1}{22}.$$

Daraus errechnet sich $r = 3$ und $T = 14{,}6$ m.

Bohrungen ergaben eine Kiesschicht unter Sand, die am Erreger in 12,2 m und in 20 m Entfernung von ihm in 16,6 m Tiefe gefunden wurde. Die mittlere Tiefe auf dieser Strecke, 14,4 m, stimmt gut überein mit der aus der Lage der Amplitudenminima errechneten.

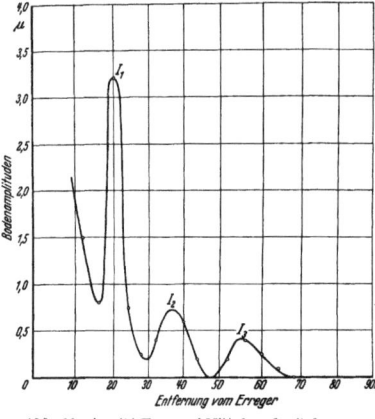

Abb. 22. $A = f(s)$-Kurve auf Mittelsand mit darunter anstehendem Sandstein. Frequenz: $n = 25$ Hz. J_{1-3} = Interferenzmaxima.

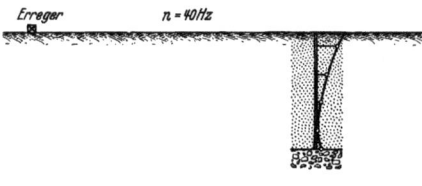

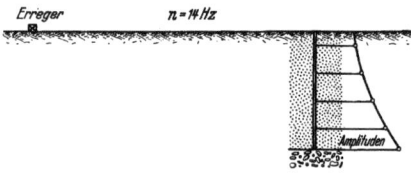

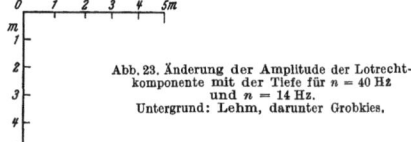

Abb. 23. Änderung der Amplitude der Lotrechtkomponente mit der Tiefe für $n = 40$ Hz und $n = 14$ Hz. Untergrund: Lehm, darunter Grobkies.

Die Änderung der Bodenamplituden mit der Tiefe konnte bisher nur in wenigen Fällen durch Messung in Bohrungen festgestellt werden. Abb. 23 zeigt das Ergebnis einer solchen Messung für zwei Frequenzen. Der Boden bestand dort aus einer 4,2 m mächtigen Lehmschicht, darunter Grobkies. Da mit dem einfachen Handbohrer, der zur Verfügung stand, ein Bohren im Kies nicht möglich war, konnten die Amplituden nur bis zu einer Tiefe von 4,2 m gemessen werden. Die Schwingungsphasen zeigten keine merkliche Abhängigkeit von der Tiefe. Die Wellen können demnach am Ort der Bohrung schon als ebene Wellen angesehen werden.

Bemerkung: Bei den in diesem Abschnitt angeführten Beispielen stimmen die aus den Interferenzerscheinungen berechneten Tiefen verhältnismäßig gut mit den erbohrten überein. In vielen anderen Fällen war aber eine derartige Übereinstimmung nicht zu erreichen. Die Gründe für die Abweichung zwischen berechneter und erbohrter Tiefe werden noch untersucht. — Schwierig ist die Tiefenbestimmung, wenn Interferenzen von mehr als zwei Wellen auftreten.

D. Praktische Anwendungen.

Bearbeitet von A. Ramspeck.

In den vorhergehenden Abschnitten dieses Heftes haben wir die Natur künstlich erregter Wellen im Boden kennen gelernt, insbesondere der Wellen, die von einer Schwingungsmaschine ausgehen. Wir haben weiter den Verlauf der Wellen im Untergrund verfolgt und die Beziehungen des Wellenverlaufs zu der Art der Schichtung des Untergrunds behandelt. Endlich haben wir gesehen, daß die Ausbreitungsgeschwindigkeit der Wellen im Boden von den elastischen Konstanten des Bodens abhängt.

Es hat sich gezeigt, daß ebenso wie die Eigenschwingungszahl α auch die Ausbreitungsgeschwindigkeit auf Böden höherer Tragfähigkeit größer ist als auf Böden von geringer Tragfähigkeit. Während aber die Eigenschwingungszahl zwischen den Grenzen 4—34 Hz liegt, sind die Grenzen für die Ausbreitungsgeschwindigkeit 80—1100 m/sec. Die Ausbreitungsgeschwindigkeit liefert demnach einen empfindlicheren Maßstab für die elastischen Eigenschaften eines Bodens als die Eigenschwingungszahlen. Ferner hängt die Größe der Ausbreitungsgeschwindigkeit nur von den Eigenschaften des Bodens und der Frequenz ab, nicht aber, wie die Zahl α, auch von den Dimensionen der Maschine.

Man kann nun ebenso wie aus der Größe der Eigenschwingungszahl α aus der Ausbreitungsgeschwindigkeit Schlüsse auf die Eigenschaften eines Bodens ziehen. So kann man z.B. durch Geschwindigkeitsmessungen den Grad der Verfestigung künstlich verdichteter Böden, insbesondere künstlich verdichteter Dämme, feststellen. Die Tiefenwirkung einer künstlichen Verdichtung läßt sich durch Geschwindigkeitsmessungen bzw. Phasenverschiebungsmessungen nach der Tiefe hin ermitteln. Weiterhin läßt sich im Straßenbau durch Geschwindigkeitsmessungen feststellen, welche Wirkung Decken verschiedener Stärke auf die Festigkeit des Gesamtstraßenkörpers ausüben.

Nicht nur die Tragfähigkeit der Oberflächenschicht, sondern auch die tieferer Schichten läßt sich durch Messung der Ausbreitungsgeschwindigkeit ohne weiteres ermitteln, ohne daß es dabei notwendig ist, Bohrungen bis in diese Schichten vorzutreiben oder sie sonst auf irgendeine Weise in ihrer natürlichen Lage und Beschaffenheit zu stören. Darin liegt ein ganz besonderer Vorteil dieses Untersuchungsverfahrens, daß es gestattet, Aussagen über das elastische Verhalten des Bodens in seiner natürlichen Lagerung zu machen.

Gleichförmigkeit und Schichtung eines Bodens lassen sich aus Laufzeitkurve und Amplitudenverlauf erkennen. Ist der Boden bis in große Tiefen gleichförmig, so ist die Laufzeitkurve eine Gerade, und die Amplituden nehmen mit der Entfernung nach einer Exponentialkurve stetig ab. Ist der Boden geschichtet, so wird ein Teil der Wellen an den Schichtgrenzen reflektiert oder gebrochen, und die Laufzeitkurve wird eine gebrochene Linie. Aus dem Amplitudenverlauf lassen sich Angaben über die Art der Schichtung und das Einfallen der Schichten machen. Ist nur eine einzige ausgeprägte Schichtgrenze vorhanden, so läßt sich die Stärke der über dieser Grenze liegenden Schicht rechnerisch ermitteln. Durch die Auswahl geeigneter Frequenzen ist es möglich, Schichtgrenzen in verschiedenen Tiefen zu erfassen, da hochfrequente Schwingungen sich hauptsächlich in den oberflächennahen Schichten, niederfrequente auch in tieferen Schichten ausbreiten.

Endlich kann aus der Abnahme der Amplituden mit der Entfernung die Absorptionskonstante eines Bodens bestimmt und als weitere Kennziffer eingeführt werden. Allerdings liegen systematische Versuche in dieser Richtung bisher noch nicht vor.

Im folgenden sollen nun einige Beispiele für die Anwendung des beschriebenen Untersuchungsverfahrens gegeben werden. Einige weitere Beispiele finden sich in den vorhergehenden Abschnitten dieses Heftes.

Anwendung der Geschwindigkeits- und Amplitudenmessungen im Straßenbau.

1. Bestimmung der zweckmäßigen Deckenstärke für Betonstraßen[1].

Den Untersuchungen auf Betonstraßen lag folgender Gedankengang zugrunde: Durch die Auflage einer Betondecke auf den Straßenkörper wird im allgemeinen die Gesamtfestigkeit des Systems Straßenkörper + Decke erhöht. Nach unseren Darlegungen über die Ausbreitungsgeschwindigkeit elastischer Wellen im Boden muß also die Ausbreitungsgeschwindigkeit dieser Wellen im Straßenkörper nach Auflegen der Betondecke steigen und zwar um so mehr, je mehr sich die elastischen Konstanten des Betons von denen des Straßenkörpers unterscheiden und je größer die Stärke der aufgebrachten Betondecke ist.

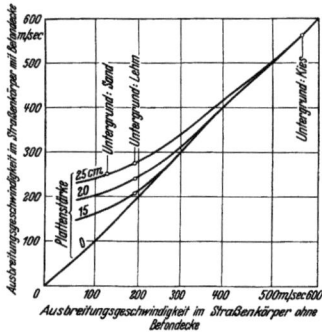

Abb. 24. Zusammenhang zwischen den Ausbreitungsgeschwindigkeiten im Straßenkörper ohne und mit Betondecke und der Plattenstärke.

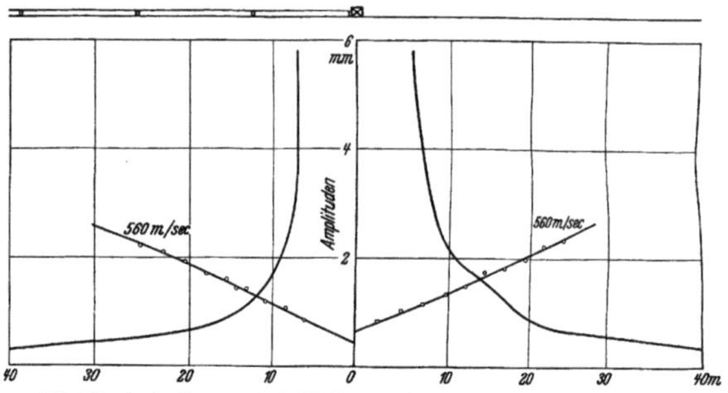

Abb. 25. Ausbreitungsgeschwindigkeit und Amplitude auf dem Straßenkörper mit und ohne Betondecke bei sehr gutem Untergrund. Boden und Damm aus Kies.

Messungen auf verschiedenartigem Untergrund und bei verschiedenen Stärken der Betonplatten haben tatsächlich den vermuteten Zusammenhang zwischen den Ausbreitungsgeschwindigkeiten im Straßenkörper vor und nach Auflegen der Betondecke und den Plattenstärken ergeben. In Abb. 24 ist das Ergebnis der Untersuchungen dargestellt. Man sieht aus der Abbildung, daß bei einer hohen Ausbreitungsgeschwindigkeit im Straßenkörper ohne Betondecke (also bei großer Festigkeit des Straßenkörpers) das Auflegen der Betondecke keinen Geschwindigkeitszuwachs mehr bringt. Noch deutlicher geht das aus Abb. 25 hervor, die die Ergebnisse von Messungen auf einem Damm wiedergibt, der aus einem in Lagen von 20 cm gewalzten Kies bestand und sehr hohe Festigkeit besaß. Wie die Abbildung zeigt, besteht zwischen den Ausbreitungsgeschwindigkeiten im Damm ohne und mit Decke kein Unterschied. Abb. 26 zeigt dagegen das Untersuchungsergebnis auf einem weniger guten Untergrund. Hier ist die Ausbreitungsgeschwindigkeit 125 m/sec auf dem unbeleg-

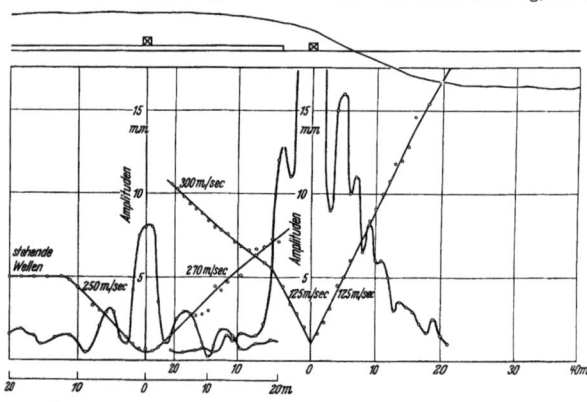

Abb. 26. Amplituden und Ausbreitungsgeschwindigkeit auf dem Straßenkörper mit und ohne Decke auf weniger gutem Untergrund. Boden: Sand.

ten Straßenkörper, auf dem Straßenkörper mit Decke aber 250 m/sec.

Man kann dieser Erscheinung folgende physikalische Deutung geben:

Unterscheiden sich die elastischen Konstanten des Straßenkörpers stark von denen der Betondecke, so wirkt die Berührungsfläche zwischen Beton und Straßenkörper wie eine ausgesprochene Grenzfläche; die Betondecke wird unter dem Einfluß von Erschütterungen erzwungene Biegungsschwingungen ausführen, so, als ob der darunterliegende Straßenkörper gar nicht da wäre. Die Ausbreitungsgeschwindigkeit v_b solcher

---

[1] Siehe Die Straße 10 (1935), S. 385; 18 (1935), S. 651.

Biegungswellen ist klein. Es ist, solange die Wellenlänge größer ist als das Zehnfache der Plattendicke,

$$v_b = \sqrt{\pi h \cdot n \sqrt{\frac{E}{3\varrho}}}\, {}^*,$$

wenn h die Dicke der schwingenden (in einer Richtung unendlich ausgedehnt gedachten) Platte, n die Frequenz, E der Elastizitätsmodul, ϱ die Dichte ist. Mit dieser Geschwindigkeit breiten sich also erzwungene elastische Schwingungen in der Fahrbahndecke aus, wenn die Festigkeit des Untergrunds so gering ist, daß die Decke vollkommen getrennt von ihm für sich allein schwingen kann. Je höher nun die Festigkeit des Untergrunds wird, um so mehr verliert die Berührungsfläche zwischen Decke und Untergrund die Eigenschaft einer Grenzfläche und um so mehr werden die Schwingungen der Decke den Charakter von Transversalwellen annehmen, die sich dann mit einer der Festigkeit des Gesamtstraßenkörpers (Untergrund + Decke) entsprechenden Geschwindigkeit ausbreiten.

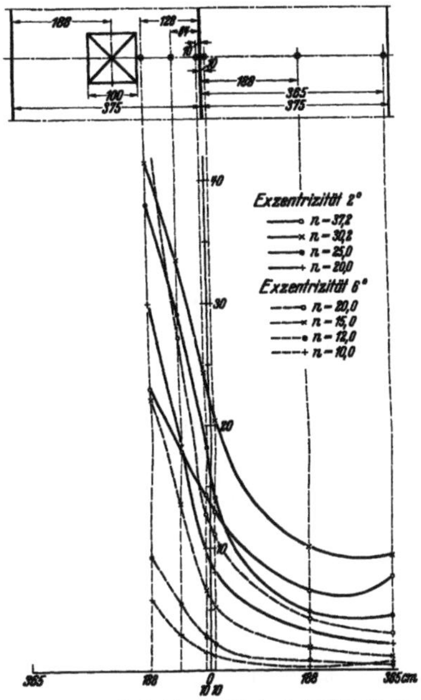

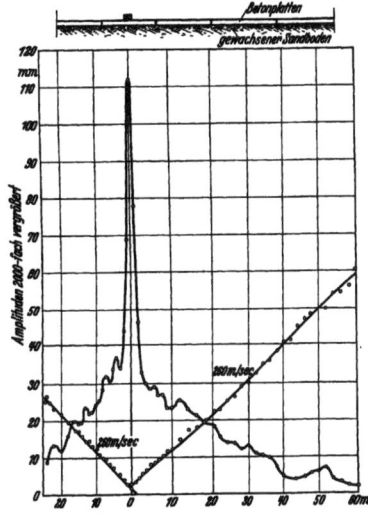

Abb. 27. Der Verlauf der Amplituden beim Überschreiten einer Fuge in der Fahrbahndecke. Sehr guter Untergrund: Kies.

Abb. 28. Einfluß der Fugen in der Decke auf den Verlauf der Amplituden bei weniger gutem Untergrund. Frequenz 25 Hz, Boden: Sand.

So schwingen z. B. bei einer Ausbreitungsgeschwindigkeit von 560 m/sec im Untergrund ohne Decke und einer Deckenstärke von 25 cm Damm und Decke als ein einheitlicher Körper, wie Abb. 25 zeigt. Einen weiteren Beweis dafür, daß auf diesem sehr festen Untergrund Untergrund und Decke als einheitliches Ganzes schwingen, sehen wir darin, daß die Schwingungsamplituden, die auf der Decke gemessen wurden, durch die Fugen der Decke nicht beeinflußt werden. Abb. 27 gibt die Schwingungsamplituden wieder, die bei verschiedenen Frequenzen und Exzentrizitäten auf einem Profil über die Längsfuge hinweg gemessen wurden. Die Fuge beeinflußt den Verlauf der Amplitudenkurve nicht. Sie nehmen mit der Entfernung ungefähr nach einer Exponentialfunktion stetig ab, einerlei, ob Fugen in der Decke überschritten werden oder nicht.

Auf einem weniger festen Untergrund aber, auf dem die Decke außerdem noch Eigenbewegungen ausführen kann, müssen sich die Fugen in der Decke im Verlaufe der Schwingungsamplituden bemerkbar machen. Abb. 28 zeigt die Schwingungsamplituden auf einer Decke, die auf einem sehr wenig festen Untergrund liegt. Im Untergrund ohne Decke beträgt hier die Ausbreitungsgeschwindigkeit nur 125 m/sec. Die Abbildung läßt die Unregelmäßigkeit des Amplitudenverlaufs über den Fugen erkennen.

Auf einer Versuchsstrecke wurde die Ausbreitungsgeschwindigkeit auf Betonplatten verschiedener Stärke gemessen. Die Platten liegen auf einem gleichförmigen Untergrund aus Lehm, in dem die Aus-

* Schaefer, Cl.: Theoret. Physik I.

breitungsgeschwindigkeit 190 m/sec war. Zwischen Betondecke und Untergrund befand sich eine Zwischenlage, die auf einem Teil der Versuchsstrecke aus Schotter, auf einem anderen aus gestampftem Lehm bestand. Die Ausbreitungsgeschwindigkeiten wurden gemessen für Plattenstärken von 15, 20, 25 cm und zwar jedesmal für beide Arten der Zwischenlage. Abb. 29 zeigt das Ergebnis der Messungen. Die Art der Zwischenlage beeinflußt die Größe der Ausbreitungsgeschwindigkeit nur wenig. Dagegen nimmt die Geschwindigkeit mit wachsender Plattenstärke merklich zu. Die Werte für die Geschwindigkeit beweisen, daß die Schwingungen der Betondecke in der Hauptsache Biegungsschwingungen sind. Nach der oben angegebenen Formel für die Ausbreitungsgeschwindigkeit der Biegungsschwingungen müssen sich nämlich die bei den Deckenstärken 15, 20, 25 cm auftretenden Geschwindigkeiten verhalten wie 3,87:4,47:5,00. Die gemessenen mittleren Geschwindigkeiten sind 207 m/sec, 240 m/sec, 275 m/sec. Sie verhalten sich wie 3,84:4,45:5,10 in guter Übereinstimmung mit dem aus der Formel errechneten Verhältnis.

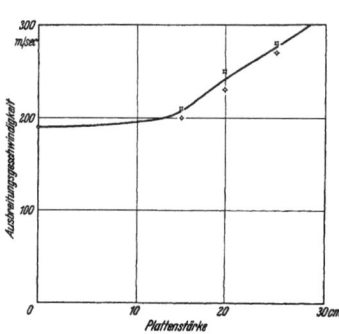

Abb. 29. Zusammenhang zwischen Ausbreitungsgeschwindigkeit und Deckenstärke. Boden: Lehm.
× Zwischenlage: Lehm eingestampft,
-◇-   „   7 bis 8 cm Schotter.

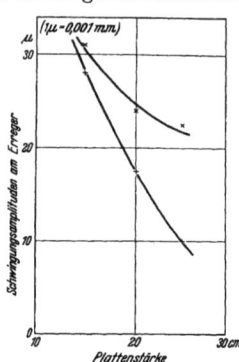

Abb. 30. Abhängigkeit der Amplituden am Erreger von Plattenstärke und Zwischenlage.
× Zwischenlage: Lehm eingestampft,
+   „   7 bis 8 cm Schotter.

Während die Art der Zwischenlage die Geschwindigkeiten wenig beeinflußt, ist sie für die Größe der Amplituden am Erregerort von Bedeutung. Abb. 30 zeigt die Abnahme dieser Amplituden in Abhängigkeit von der Deckenstärke für beide Arten der Zwischenlage. Auf der Zwischenlage von 7—8 cm Schotter sind die Amplituden durchweg kleiner als auf der Zwischenlage von gestampftem Lehm, auch nehmen sie über der Schotterlage viel stärker mit der Plattenstärke ab als über dem Lehm.

Von Interesse ist noch der Vergleich der Schwingungsform von Platten gleicher Dimensionen auf drei verschiedenen Böden. Die Schwingungsform zu einem bestimmten Zeitpunkt läßt sich aus den Aufzeichnungen des Seismographen leicht ermitteln. Man trägt dazu die zu diesem Zeitpunkt — z. B. die gleichzeitig mit dem früher (S. 4) beschriebenen Zeitzeichen — vom Seismographen aufgezeichneten Amplituden als Funktion der Entfernung auf und erhält so die Ausweichung aus der Ruhelage, die jeder Punkt der Platte zu diesem Zeitpunkt aufweist. Abb. 31 zeigt die bei gleichen Anregungsbedingungen aufgenommenen Schwingungsformen je einer Platte auf gewalztem Kies (560 m/sec), Lehm (190 m/sec) und Sand (125 m/sec). Die Zahlen in Klammern geben die Werte der Ausbreitungsgeschwindigkeit im Straßenkörper ohne Decke an.

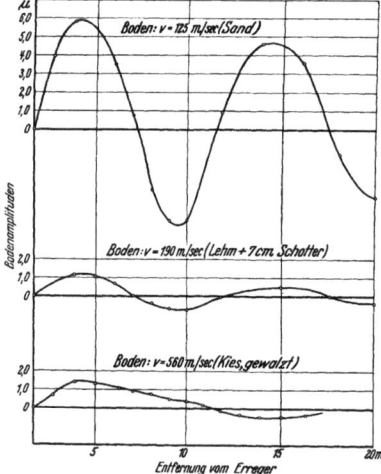

Abb. 31. Schwingungsformen 25 cm starker Betonplatten auf verschiedenen Böden. Frequenz: 25 Hz.

Wie die Abb. 31 zeigt, kann man die wirkliche Schwingungsform der Platten in jedem Augenblick in erster Annäherung ersetzen durch eine Sinuslinie, deren Amplitude allerdings mit der Entfernung vom Erreger allmählich abnehmen. In einer Entfernung s vom Erreger (den wir uns als kreisförmige Platte vom Radius s_0 vorstellen) ist zur Zeit t die Ausweichung der Platte aus der Ruhelage gegeben durch

$$y = A_0 \frac{s_0}{s} \cdot e^{-k(s-s_0)} \cdot \sin 2\pi \left(\frac{s}{\lambda} - nt\right)*,$$

----
* Oder $y = A_0 \cdot \sqrt{\frac{s_0}{s}} \ldots$

wenn A_0 die Amplitude am Erreger, k die früher besprochene Absorptionskonstante, λ die Wellenlänge und n die Frequenz ist. Sehen wir für einen Augenblick ab von der Amplitudenabnahme mit der Entfernung, so können wir schreiben

$$y = A \cdot \sin 2\pi \left(\frac{s}{\lambda} - nt\right).$$

Daraus ergibt sich ein Biegemoment

$$M = EJ \cdot A \frac{4\pi^2}{\lambda^2} \sin 2\pi \left(\frac{s}{\lambda} - nt\right)$$

und eine Biegespannung in der Platte von der Größe

$$\sigma = \frac{M}{W} = E \cdot \frac{h}{2} \cdot \frac{4\pi^2}{\lambda^2} \cdot A \sin 2\pi \left(\frac{s}{\lambda} - nt\right).$$

Die Biegespannungen in der Platte sind also proportional der Amplitude und umgekehrt proportional dem Quadrat der Wellenlänge. Ebenso läßt sich zeigen, daß die Schubspannungen umgekehrt proportional der 3. Potenz der Wellenlänge sind. Da nun die Länge der durch eine Erschütterung in der Betondecke ausgelösten Wellen gleich ist dem Quotienten Ausbreitungsgeschwindigkeit/Frequenz, nimmt die Beanspruchung, die eine Platte durch eine Erschütterung erfährt, unter sonst gleichen Bedingungen mit wachsender Ausbreitungsgeschwindigkeit sehr rasch ab. Für die Haltbarkeit der Betondecke ist also die Ausbreitungsgeschwindigkeit der elastischen Wellen im Straßenkörper von großer Bedeutung. Aus Abb. 31 geht hervor, daß die stärkste Beanspruchung in den drei dargestellten Beispielen die Platten auf dem Sandboden erleiden, denn dort sind bei kleiner Wellenlänge, d.h. kleiner Ausbreitungsgeschwindigkeit, die Amplituden am größten. Auf dem Lehm sind zwar die gemessenen Amplituden nicht wesentlich größer als die auf dem Kies, dagegen ist die Wellenlänge auf dem Lehm nur etwa halb so groß als die auf dem gewalzten Kies. Die Platte auf dem Kies wird also unter sonst gleichen Bedingungen am wenigsten beansprucht. Aus Abb. 31 ergibt sich für die Biegespannung in 4 m Abstand vom Erreger: Auf dem Sand 0,074, auf dem Lehm 0,014, auf dem Kies 0,007 kg/cm². Dabei war die Fliehkraft am Erreger 160 kg.

Bisher haben wir die Abnahme der Amplituden mit der Entfernung infolge Absorption und Wellenausbreitung vernachlässigt. Das ist dann zulässig, wenn die Absorptionskonstante klein ist und die Biegeschwingungen der Platte als die eines unendlich langen Stabes angesehen werden können, in dem sich Wellen nur in der Längsrichtung ausbreiten. Bei flächenhafter oder kugelförmiger Wellenausbreitung dagegen, die dann z. B. vorliegt, wenn die Platte gemeinsam mit dem Untergrund schwingt, muß die Abhängigkeit der Amplitude von der Entfernung berücksichtigt werden. Dann werden die Biegespannungen in der Platte bei kugelförmiger Ausbreitung:

$$\sigma = E \frac{h}{2} \cdot A(s) \cdot \left[\left(\frac{4\pi^2}{\lambda^2} - \frac{2}{s^2} - 2\frac{k}{s} - k^2\right)\sin 2\pi\left(\frac{s}{\lambda} - nt\right) + \frac{2\pi}{\lambda}\left(\frac{1}{s} + k\right) 2 \cos 2\pi\left(\frac{s}{\lambda} - nt\right)\right],$$

bei flächenhafter Ausbreitung:

$$\sigma = E \frac{h}{2} \cdot A(s) \left[\left(\frac{4\pi^2}{\lambda^2} - \frac{3}{4s^2} - \frac{k}{s} - k^2\right)\sin 2\pi\left(\frac{s}{\lambda} - nt\right) + \frac{2\pi}{\lambda}\left(\frac{1}{2s} + k\right) 2 \cos 2\pi\left(\frac{s}{\lambda} - nt\right)\right],$$

wobei

$$A(s) = A_0 \frac{s_0}{s} \cdot e^{-k(s-s_0)} \quad \text{oder} \quad A(s) = A_0 \sqrt{\frac{s_0}{s}} \cdot e^{-k(s-s_0)}$$

ist.

Die Ausbreitungsgeschwindigkeit der Biegungsschwingungen liefert schließlich noch den Elastizitätsmodul des Deckenbaustoffs. Aus

$$v_b = \sqrt{\pi \cdot h \cdot n} \sqrt{\frac{E}{3\varrho}}$$

errechnet sich z.B. für den eisenbewehrten Beton, aus dem die Platten der Abb. 29 hergestellt waren, mit

$v_b = 240$ m/sec,
$h = 20$ cm,
$n = 40$ Hz,
$\varrho = 2{,}2 \cdot 10^{-6}$ kg/cm³ $\left(= \text{Dichte} = \frac{\text{spez. Gewicht}}{10^3}\right)$

der Elastizitätsmodul

$$E = 350\,000 \text{ kg/cm}^2.$$

Man kann auf diese Weise leicht den mittleren Elastizitätsmodul einer fertigen Straßendecke längs einer größeren Strecke bestimmen und damit die Güte des Baustoffs feststellen.

2. Nachprüfung der Verdichtung künstlich verfestigter Dämme mittels Geschwindigkeitsmessungen.

In einem früheren Abschnitt dieses Heftes wurde gezeigt, daß die Ausbreitungsgeschwindigkeit der elastischen Wellen eine Kennziffer für das elastische Verhalten des Bodens ist. Die Ausbreitungsgeschwindigkeit ist proportional dem Ausdruck $\sqrt{\dfrac{G}{\varrho}}$ ($G=$ Schubmodul, $\varrho=$ Dichte). Wird ein Boden künstlich verdichtet, so müßte danach, wenn G unverändert bliebe, die Geschwindigkeit nach der Verdichtung kleiner sein. Bisher ist aber in allen Fällen beobachtet worden, daß die Ausbreitungsgeschwindigkeit der elastischen Wellen nach der Verdichtung größer ist als vorher. Wir müssen also annehmen, daß infolge einer künstlichen Verdichtung der Schubmodul G wesentlich stärker wächst als die Dichte ϱ. Im folgenden sollen die Ergebnisse einiger Untersuchungen auf künstlich verdichteten Dämmen besprochen werden.

1. Eisenbahndämme bei Großbeeren. Die Untersuchungen fanden statt auf zwei Dämmen, die aus demselben Material geschüttet waren (Berliner Mittelsand) und dicht beieinander lagen. Der eine der beiden Dämme war vor etwa 10 Jahren errichtet worden und seitdem unberührt geblieben; auf dem zweiten Damm wurde seit seiner Errichtung ein regelmäßiger Zugverkehr betrieben. Auch dieser Damm war etwa 10 Jahre alt. Die Messungen auf beiden Dämmen wurden so vorgenommen, daß einerseits die Ausbreitungsgeschwindigkeit im Dammkörper und andererseits vom gleichen Maschinenort aus die Ausbreitungsgeschwindigkeit im gewachsenen Boden senkrecht zur Richtung des Dammes bestimmt wurde. Für die Frequenz 40 Hz ergab sich:

in dem Damm, der nicht befahren worden war, eine Ausbreitungsgeschwindigkeit von 180 m/sec (Auf dem gewachsenen Boden an der gleichen Stelle wurden 230 m/sec gemessen);

in dem unter Verkehr stehenden Damm betrug die Ausbreitungsgeschwindigkeit 340 m/sec, im anstoßenden gewachsenen Boden 240 m/sec.

Die Messungen ergeben also, daß die Ausbreitungsgeschwindigkeit im gewachsenen Boden unter beiden untersuchten Dammstücken gleich groß ist, der gewachsene Boden also an beiden Stellen die gleiche Festigkeit hat. Der Damm, der seit seiner Errichtung unberührt geblieben ist, hat trotz der langen Zeit, die seit seiner Herstellung verstrichen ist, noch nicht die Festigkeit des gewachsenen Bodens erreicht, während der andere Damm, über den täglich mehrere Eisenbahnzüge in beiden Richtungen laufen, durch die dauernde Erschütterung infolge des Zugverkehrs eine erheblich größere Festigkeit aufweist als der gewachsene Boden.

Die Ergebnisse der Geschwindigkeitsmessung wurden durch eine Bestimmung des Porenvolumens für das Material der beiden Dammteile bestätigt. Das Porenvolumen (n) in zwei verschiedenen Tiefen ergab sich zu:

	Tiefe:	
	60 cm	120 cm
unbefahrener Dammteil	40,7%	43,4%
befahrener Dammteil	36,3%	36,5%

Aus dem im Laboratorium bestimmten Porenvolumen der lockersten (n_0) und dichtesten (n_d) Lagerung des Dammbaustoffs errechnen sich die Verdichtungsziffern

$$p_v = \frac{n_0 - n}{n_0 - n_d} \cdot 100:$$

	Tiefe:	
	60 cm	120 cm
unbefahrener Dammteil	26,1%	9,1%
befahrener Dammteil	57,2%	56,2%

Auch die Verdichtungsziffern zeigen die erheblich größere Festigkeit des befahrenen Dammteils an.

2. Damm bei Denkendorf (Reichsautobahn Stuttgart).

Die Festigkeit dieses künstlich verdichteten Dammes sollte mit der des gewachsenen Bodens verglichen werden. Zu diesem Zweck wurde die Erregermaschine an der Grenze zwischen Damm und gewachsenem Boden auf der zukünftigen Fahrbahn aufgestellt und die Ausbreitungsgeschwindigkeiten der vom Erreger ausgehenden elastischen Wellen sowohl auf dem gewachsenen Boden als auf dem Damm gemessen. Im gewachsenen Boden betrug die Geschwindigkeit 200 m/sec, im Dammkörper 160 m/sec bei einer Frequenz von 25 Hz. Der Damm ist demnach noch nicht so weit verdichtet, daß seine Tragfähigkeit der des dort anstehenden Bodens gleichkommt.

3. Damm bei Schönfließ auf der Strecke Königsberg-Elbing der Reichsautobahn. Auf diesem Damm wurde die Ausbreitungsgeschwindigkeit bestimmt: im unverdichteten Teil, auf einer Strecke, die nur durch Schlämmen und einer weiteren, die sowohl durch Schlämmen als durch Stampfen künstlich verdichtet worden war. Die gemessenen Geschwindigkeiten zeigt Abb. 32. Es zeigt sich, daß die Geschwindigkeit nach der Verdichtung durch Schlämmen und Stampfen einen Zuwachs von 140 auf 160 m, d.h. also von

Praktische Anwendungen. 35

14,3% erhalten hat. Das Damm-Material war ein Mittelsand, der vor der Verdichtung ein Raumgewicht von 1,62, nach der Verdichtung ein Raumgewicht von 1,75 aufwies. In der dichtesten Lagerung wäre für diesen Sand das Raumgewicht 1,95. Durch die Verdichtung hat also der Sand eine Erhöhung der Dichte von 39% der erreichbaren Verdichtung erfahren. Auf dem nur durch Schlämmen behandelten Teil des Dammes ist die Geschwindigkeit noch geringer als auf dem unverdichteten Dammteil. Es ist also nicht anzunehmen, daß durch das Schlämmen allein auf diesem Damm eine wesentliche Verbesserung der elastischen Eigenschaften des Damm-Materials erreicht worden ist.

4. **Straßendamm bei Uerdingen (Rheinland)**[1]. Der Damm bestand aus sehr ungleichförmigem Kiessand mit groben Beimengungen, der am gegenüberliegenden Ufer des Rheins entnommen wurde. Nach der Schüttung wurde dieser Damm durch eine Losenhausen-Schwingungsmaschine verdichtet. Es sollte nachgeprüft werden, welche Verdichtung durch dieses Verfahren erreicht worden ist und wie weit sie in die Tiefe reicht. Zu diesem Zweck wurden Geschwindigkeitsmessungen auf

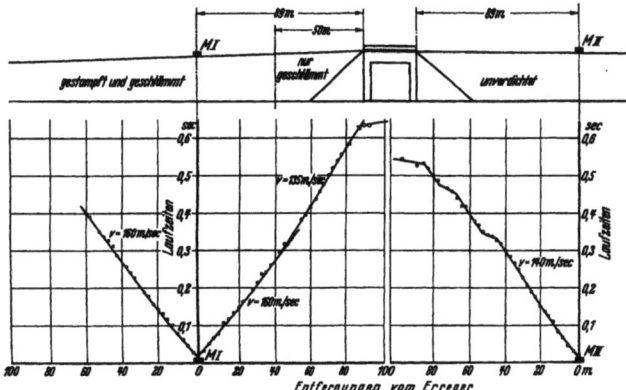

Abb. 32. Untersuchung eines Straßendammes. $v = \varphi(s)$-Kurven auf Strecken verschiedenen Verdichtungsgrades.
Baustoff des Dammes: Mittelsand.

einem noch unverdichteten Dammteil und dann auf dem durch die Schwingungsmaschine verdichteten Damm vorgenommen. Das Ergebnis der Geschwindigkeitsmessungen zeigt Abb. 33. Die Abhängigkeit der Geschwindigkeit von der Frequenz, die Abb. 33 zeigt, ist schon weiter oben besprochen worden. Sie ist hier vermutlich so zu erklären, daß Wellen mit großer Wellenlänge in größere Tiefen hinabreichen als kurze Wellen und dort dichtere Schichten antreffen als die lediglich an der Oberfläche entlang laufenden kurzen Wellen. Dadurch wird ihre mittlere Ausbreitungsgeschwindigkeit etwas größer als die der kurzen, d.h. hochfrequenten Wellen. Aus Abb. 33 ergibt sich ferner, daß durchweg die Geschwindigkeiten im unverdichteten Teil des Dammes kleiner sind als die im verdichteten Teil. Die Geschwindigkeitserhöhung infolge der Verdichtung beträgt 23,1%. Da wir im vorigen Beispiel gesehen haben, daß einer Geschwindigkeitserhöhung von 14,3% eine Dichteerhöhung von 39% der maximalen Verdichtung entsprach, könnten wir hier folgern, daß die Verdichtung 64% der erreichbaren Verdichtung beträgt.

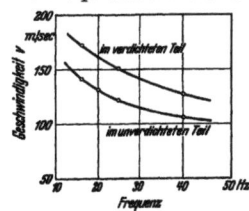

Abb. 33.
Die Ausbreitungsgeschwindigkeiten elastischer Wellen in dem unverdichteten Teil eines Dammes.
Baustoff des Dammes: Flußkies.

Die Wirkung der Einrüttelung durch die Losenhausenmaschine nach der Tiefe hin ließ sich ebenfalls durch Geschwindigkeitsmessungen feststellen. Zur Nachprüfung wurden in den Entfernungen 20 und 30 m vom Erreger zwei Gruben ausgehoben, in denen die Ausbreitungsgeschwindigkeit für Wellen von der Frequenz 40 Hz in verschiedenen Tiefenstufen bis zu 2,5 m unter Dammoberkante gemessen wurde. Würde sich die Wirkung der Maschine nur auf eine wenig mächtige Lage der obersten Dammschichten erstrecken, so müßte die Ausbreitungsgeschwindigkeit in größeren Tiefen kleiner sein als an der Oberfläche. Abb. 34 zeigt aber, daß bis zu einer Tiefe von 2,5 m die gemessene Geschwindigkeit immer größer ist als die im unverdichteten Material und daß eine erkennbare Abnahme der Geschwindigkeit mit der Tiefe nicht vorhanden ist. Man kann daraus schließen, daß die Verdichtung durch die Losenhausenschwingungsmaschine sich mindestens bis zu der Tiefe von 2,5 m voll auswirkt.

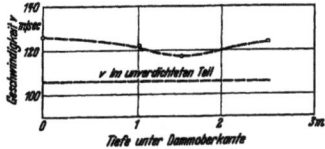

Abb. 34. Die Ausbreitungsgeschwindigkeit der Wellen von der Frequenz 40 Hz in verschiedenen Tiefen, gemessen auf dem verdichteten Teil des Dammes.

---
[1] Die Straße, Heft 18 (1935) S. 648.

Von Interesse ist schließlich noch der Vergleich der an der Maschine auf dem unverdichteten und verdichteten Teil des Dammes beobachteten Setzungen während der Versuche. Diese Setzungen sind in Abb. 35 wiedergegeben. Auf dem unverdichteten Material nimmt die Setzung dauernd zu und zwar um so stärker, je höher die Fliehkräfte, d. h. die Exzentrizität, sind. Auf dem verdichteten Teil dagegen treten stärkere Setzungen nur in der Nähe der Eigenfrequenz auf. Bei späteren Versuchen sind die absoluten Beträge der Setzungen kleiner als beim ersten, obwohl die Fliehkräfte größer als bei dem ersten Versuch sind. Man kann sich das so erklären, daß auf diesem Teil des Dammes während der Versuche nur die allerobersten, zufällig aufgelockerten Schichten eingerüttelt wurden. Diese Einrüttelung ist durch den ersten Versuch bereits im wesentlichen beendet, so daß die späteren Versuche trotz Erhöhung der Fliehkräfte die Setzungen der Maschine nur noch um Geringes vergrößern können. Durch die Bearbeitung mit der Schwingungsmaschine ist also die Erschütterungsempfindlichkeit des Damm-Materials bedeutend herabgesetzt worden.

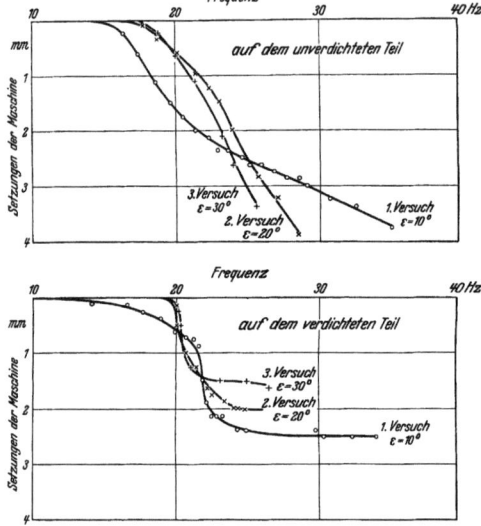

Abb. 35. Setzungen der Maschine während der Versuche auf dem unverdichteten und dem verdichteten Teil des Dammes.

Untersuchung des Baugrundes.

Die Untersuchung des Baugrundes soll durch zwei Beispiele kurz beschrieben werden.

Im ersten Falle handelte es sich darum, einen Baugrund daraufhin zu untersuchen, ob längs einer gewissen Strecke Ungleichförmigkeiten im Aufbau des Bodens vorhanden und ungleiche Setzungen längs dieser Strecke zu erwarten sind. Abb. 36 zeigt das Ergebnis der Messungen. Die Schwingungsmaschine wurde an den beiden Standorten MI und MII aufgesetzt. An beiden Standorten wurde die Eigenschwingungszahl a, die Setzung der Maschine während eines Versuchs, die Geschwindigkeit der Ausbreitung der Wellen und der Abfall der Amplituden mit der Entfernung bestimmt. Die Siebanalyse ergab sowohl unter MI wie unter MII einen recht gleichmäßigen Mittelsand. Wie Abb. 36 zeigt, wurden längs des ganzen Profils überall dieselben Geschwindigkeiten gemessen. Die Setzungen, die unter MI und MII gemessen wurden, haben in Übereinstimmung damit an beiden Orten den gleichen Verlauf und sind nahezu

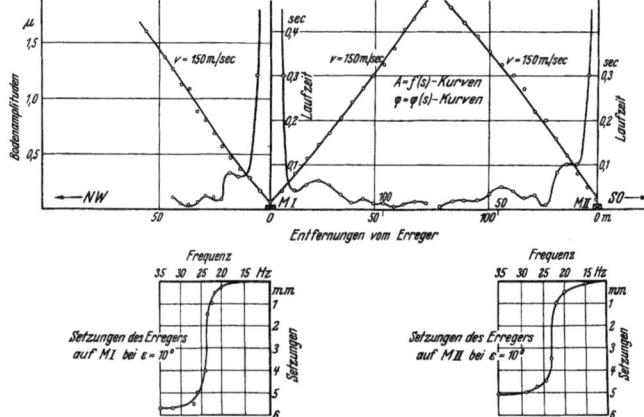

Abb. 36. Beispiel für die Untersuchung eines Baugrundes. Frequenz: 20 Hz.

gleich groß. Die Amplitudenkurven deuten auf Interferenzen mit Wellen aus einer tieferen Schicht hin. Die beiden von MI und MII aus nach Nordwesten hin gemessenen Amplitudenkurven ähneln einander, während die von MI aus nach Südosten gemessene einen abweichenden Verlauf zeigt. Die Extremwerte der Amplituden sind auf den nach Nordwest laufenden Profilen enger aneinander gerückt als auf dem Profil nach Südost. Nach der Formel (27) des Abschnittes „Interferenz" folgt daraus, daß die tiefere Schicht gegen Nordwest ansteigen muß. Bohrungen längs des Profils haben tatsächlich ergeben, daß unter dem an der Oberfläche anstehenden Mittelsand ein Sandstein liegt, der bei $M\,II$ in der Tiefe von 17 m, bei $M\,I$ in der Tiefe von 16 m angetroffen wurde.

Im zweiten Fall war der Untergrund für ein größeres Bauunternehmen daraufhin zu untersuchen,
1. ob alte Flußläufe den Baugrund durchschneiden,
2. wie hoch der Boden belastet werden darf, ohne daß größere Setzungen eintreten.

Die Untersuchungen ergaben, daß der Untergrund nicht vollkommen gleichmäßig war. In einem Teil des Geländes wurde an der Oberfläche ein Ton angetroffen, in dem die Ausbreitungsgeschwindigkeit der Wellen 80—120 m/sec betrug. Darunter fand sich ein Sand mit der Wellengeschwindigkeit 150—230 m/sec; dieser Sand lag an den Stellen des Geländes, wo der Ton fehlte, an der Oberfläche. In größerer Tiefe wurde ein Kies festgestellt, in dem die Ausbreitungsgeschwindigkeit bis zu 250 m/sec betrug. Mit Ausnahme des an den in Abb. 37 gekennzeichneten Stellen auftretenden Tones wurden in dem untersuchten Baugelände keine weiteren Ungleichförmigkeiten gefunden, insbesondere keine Anzeichen dafür, daß alte Flußläufe das Gebiet durchziehen. Diese hätten sich durch Strecken von niederer Geschwindigkeit in den Laufzeitkurven bemerkbar machen müssen.

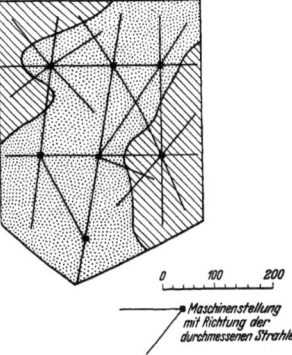

Abb. 37. Untersuchung eines Baugrundes auf Ungleichförmigkeit. schraffiert: Ton.

Auf Grund der gefundenen Ausbreitungsgeschwindigkeiten kann man sagen, daß, wenn die Gründung der geplanten Gebäude durchweg auf dem Sand erfolgt, ohne Bedenken eine Belastung von 3 kg/cm² zugelassen werden darf.

Bestimmung der elastischen Konstanten aus den Geschwindigkeiten.

Wir haben früher gesehen, daß wir unter gewissen Bedingungen die Ausbreitungsgeschwindigkeit der von einer Schwingungsmaschine im Boden erregten Wellen ohne großen Fehler gleich der der Transversalwellen im Boden setzen dürfen. Messen wir nun auf demselben Boden auch noch die Ausbreitungsgeschwindigkeit der Kompressionswellen, etwa mit Hilfe kleiner Sprengungen, so lassen sich aus beiden Geschwindigkeiten die elastischen Konstanten bestimmen. Die schon früher angegebenen Ausdrücke für die Geschwindigkeiten sind:

$$v_k = \sqrt{\frac{m(m-1)}{(m+1)(m-2)} \cdot \frac{E}{\varrho}}$$

$$v_t = \sqrt{\frac{G}{\varrho}}$$

wo E = Elastizitätsmodul, G = Schubmodul, m = Poissonsche Zahl und ϱ = Dichte sind. Aus

$$\frac{v_k}{v_t} = \sqrt{\frac{2(m-1)}{m-2}}$$

läßt sich m, aus

$$E = \frac{2G(m+1)}{m}$$

E berechnen, da G sich aus v_t ohne weiteres ergibt.

Es soll nun ein Beispiel für die Berechnung der elastischen Konstanten eines Felsbodens gegeben werden:

In einem Buntsandstein, der in 8 m Tiefe unter einem Flußtal ansteht, wurden gemessen (Nr. 24 der Zusammenstellung S. 13)

$$v_k = 1950 \text{ m/sec},$$
$$v_t = 1100 \text{ m/sec}.$$

Die mittlere Dichte des Sandsteins wurde zu $2{,}38 \cdot 10^{-3}$ g/cm³ bestimmt.

Die Rechnung ergibt:

$$G = 28800 \text{ kg/cm}^2,$$
$$E = 115000 \text{ kg/cm}^2,$$
$$m = 3{,}78.$$

Für diesen Buntsandstein unterscheidet sich die Poissonsche Zahl nur wenig von 4; die Größen E und G haben hier also einen physikalischen Sinn.

Für nichtfelsige Bodenarten, die in ihrem Verhalten stark von dem eines vollkommen elastischen Stoffes abweichen, kann man im eigentlichen Sinne der Elastizitätslehre nicht von einem Elastizitäts- und Schubmodul reden. Trotzdem bietet die formale Berechnung dieser Größen auch für solche Bodenarten ein gewisses Interesse, zumal die Größenordnung der aus den Ergebnissen dynamischer Messungen berechneten Konstanten stark von der abweicht, die von anderer Seite aus der Einsenkung bei statischen Belastungen gefunden worden sind[1]. Das Ergebnis der Rechnung ist im folgenden für einige Bodenarten mitgeteilt. Die Ordnungsnummer dieser Bodenarten stimmt mit der überein, unter der sie in der früheren Zusammenstellung S. 13 angeführt sind. Die Messung ergab folgende Werte (s. nebenstehende Tabelle).

Nr.	Bodenart	ϱ g/cm³	v_k m/sec	v_l m/sec	Fundort
—	Nasser Ton	~1,8 · 10⁻³	1500	150	Göttingen, Leinetal
—	Mittelkies	1,80 · 10⁻³	750	180	Werratal
8	Mittelsand	1,63 · 10⁻³	550	160	Nürnberg
19	Löß, trocken ...	1,67 · 10⁻³	800	260	Leinetal
2	Mehlsand	1,65 · 10⁻³	300	110	Werratal
—	Kies u. Sand, dicht gelagert	1,70 · 10⁻³	480	250	Buckow

Daraus ergeben sich die elastischen Konstanten:

Nr.	Bodenart	m	G kg/cm²	E kg/cm²
—	Nasser Ton	2,02	405	1210
—	Mittelkies.....	2,13	585	1720
8	Mittelsand	2,20	416	1200
19	Löß, trocken ...	2,27	1130	3260
2	Mehlsand	2,37	200	570
—	Kies u. Sand, dicht gelagert	3,18	1060	2790

Auffällig sind die teilweise sehr kleinen Werte, die sich hier für die Poissonsche Zahl m ergeben. Bedenkt man, daß für vollkommen elastische Körper $m = 4$, für vollkommen volumenbeständige Stoffe $m = 2$ ist, so kann man aus den errechneten Werten geradezu ablesen, wie stark sich die betreffende Bodenart in ihrem Verhalten von dem eines vollkommen elastischen Körpers unterscheidet.

Literaturverzeichnis.

A. Allgemeines.

Auerbach-Hort: Handbuch der physikalischen und technischen Mechanik III. 1927.
Handbuch der Physik IV: Mechanik der elastischen Körper. — VIII: Akustik.
Angenheister, G.: Seismik. Handbuch der Physik IV.
Martin, H.: Schwingungslehre. Handbuch der Experimentalphysik XVII, 1.
Schäfer, Cl.: Einführung in die theoretische Physik 1. Leipzig 1922.
Drude, P.: Lehrbuch der Optik. Leipzig 1906.
Lord Rayleigh: The theory of sound. London 1894/6.
Love, A. E. H.: Probl. of Geodynamics. Cambridge 1911.
Lamb, H.: Proc. Roy. Soc. A 93. London 1917.
Sezawa und Kanai: Bull. Earthqu. Res. Inst. 13, 1935.
Doerffler, H.: Schalltechnik 6, 1930.
Fröhlich, O. K.: Druckverteilung im Baugrund. Wien: Julius Springer 1934.

B. Veröffentlichungen des Geophysikalischen Instituts der Universität Göttingen.

Angenheister, G.: Union Geod. et Geophys. intern. Assoc. Seism. Publ. A 10, 1934.
Köhler, R.: Z. Geophys. 8, 1932, S. 461.
Köhler, R. und A. Ramspeck: Z. ang. Math. und Mech. 13, 1933.
Köhler, R.: Verh. d. Deutsch. Phys. Ges. 14, 1933.
Köhler, R. und A. Ramspeck: Z. techn. Phys. 14, 1933.
Ramspeck, A.: Z. Geophys. 10, 1934.
Köhler, R.: Z. Geophys. 10, 1934.
Rellensmann, O.: Über elastische Hauptwellen. Diss. Göttingen 1928.
Seismische Untersuchungen:
   II. Ramspeck, A.: Z. Geophys. 8, S. 71. 1932.
   III. Köhler, R.: Z. Geophys. 8, S. 81. 1932.
   IV. Rohrbach, W.: Z. Geophys. 8, 1932.
   V. u. VII. Blut, H.: Z. Geophys. 8, 1932.
   XIII. v. z. Mühlen, W.: Z. Geophys. 10, 1934.

---

[1] Müller, P.: Bautechn. 17 (1935), S. 219.

XV. Köhler, R.: Nachr. Ges. Wiss. II. Göttingen 1934, Nr. 2.
XIX. Schulze, G. A.: Z. Geophys. 11, 1935.
XXI. Köhler, R.: Z. techn. Phys. 16, 1935.

C. Untersuchungen über Erschütterungen durch Maschinen und Verkehr.

Mintrop, L.: Über die Ausbreitung der von den Massendrucken einer Großgasmaschine erzeugten Bodenschwingungen Diss. Göttingen 1911.
Heinrich, A.: Über die Ausbreitung von Bodenschwingungen in Abhängigkeit von der Beschaffenheit des Untergrundes. Diss. Breslau 1930.
Bornitz, G.: Über die Ausbreitung der von Großkolbenmaschinen erzeugten Bodenschwingungen in die Tiefe. Verlag Julius Springer 1931.
Angenheister, G. und W. Schneider: Messungen der Erschütterungen von Boden und Gebäuden, hervorgerufen durch Maschinen und Fahrzeuge. Z. f. techn. Phys. 3, 1928.
Schwien, K.: Über die Ausbreitung von Erschütterungen. Diss. Hannover 1932.
Hort, Martin, Geiger: Zur Frage der Schutzwirkung eines Grabens gegen Erschütterungen. Schalltechnik 2, 1932.

D. Baugrunduntersuchungen.

Hertwig, A.: Die dynamische Bodenuntersuchung. Bauing. 12, 1931.
Hertwig, A., G. Früh, H. Lorenz: Die Ermittlung der für das Bauwesen wichtigsten Eigenschaften des Baugrunds durch erzwungene Schwingungen. Veröffentl. d. Degebo Heft 1. Berlin: Julius Springer 1933.
Hertwig, A.: Baugrundforschung, Z. VDI. 77, 1933.
Lorenz, H.: Neue Ergebnisse der dynamischen Baugrunduntersuchung. Z. VDI 78, 1934.
Hertwig, A. und H. Lorenz: Das dynamische Bodenuntersuchungsverfahren. Bauing. 16, 1935.
Loos, W.: Praktische Anwendung der Baugrunduntersuchungen. Berlin: Julius Springer 1935.
Müller, P.: Druckverteilung und Einsenkungen im Erdreich. Bautechn. 12, 1934.
— Tragfähigkeit und Formänderungswiderstand des Bodens. Bautechn. 13, 1935.
Mitteil. d. Degebo: Schwingungsuntersuchungen an Betonstrecken der Autobahnen München und Frankfurt a. M. Die Straße 10, 1935.
Ramspeck, A.: Dynamische Bodenuntersuchungen an der Reichsautobahn Stuttgart—Ulm. Die Straße 18, 1935.
— Dynamische Untersuchung von Straßendecken. Die Betonstraße 11, 1936, Nr. 2.
Müller, R. und A. Ramspeck: Verdichtung geschütteter Dämme. Die Straße 18, 1935.
Meister, F.: Die dynamischen Eigenschaften von Straßen. Diss. Stuttgart: Verlag M. Boerner, Halle, 1935.

II. Über das Verhalten des Sandes bei Belastungsänderung und Grundwasserbewegung.
Von L. Erlenbach.
Einleitung.

Seit längerer Zeit wird vermutet, daß Grundwasserspiegeländerungen in Sandböden Bewegungen des Sandes hervorrufen. Da zur Klarstellung dieser Frage noch nicht genug Versuchsmaterial vorlag, wurde im Institut der Deutschen Forschungsgesellschaft für Bodenmechanik vor einigen Jahren mit der Durchführung einschlägiger Versuchsreihen begonnen, über die diese Arbeit berichten soll. Hierbei stellte sich sehr bald die Notwendigkeit heraus, auch den Einfluß einer Belastungsänderung allein auf eine Sandschüttung zu untersuchen. Damit ergibt sich die nachstehende Gliederung dieser Arbeit. Es werden die Versuche zur Ermittlung des Einflusses:
I. einer Belastungsänderung allein,
II. einer Wasserspiegeländerung allein,
III. beider zusammen

auf die Bodenbewegungen geschildert und jeweils die Schlußfolgerungen aus den Versuchsergebnissen gezogen. In einem weiteren Abschnitt folgen einige Beispiele aus der Praxis.

A. Versuchsmaterial und Versuchseinrichtung.
1. Korngrößenverteilung und Kapillarität.

Die Versuche wurden mit sechs verschiedenen Sanden durchgeführt, deren Korngrößenverteilung aus Abb. 1 hervorgeht. Aus der Steilheit der Kornverteilungskurven ist auf den Ungleichförmigkeitsgrad zu schließen; das Verhältnis der Korndurchmesser bei 10 und 60 Gewichtsprozent nach Hazen gibt die Ungleichförmigkeitsziffer an. Die bei 10% liegende „wirksame Korngröße" nach Hazen ist wichtig für die Bestimmung der Durchlässigkeit der Sande. Ihr Einfluß auf die Kapillarität ist aus Abb. 2 zu ersehen.

2. Spezifisches Gewicht.

Das spez. Gewicht wurde sowohl mit dem Volumenometer nach Schumann als auch mit dem Pyknometer bestimmt. Das Austreiben der Luft in der Sandschüttung geschah im ersten Falle durch Evakuieren, im zweiten durch Kochen. Folgende Gegenüberstellung der Ergebnisse beider Verfahren

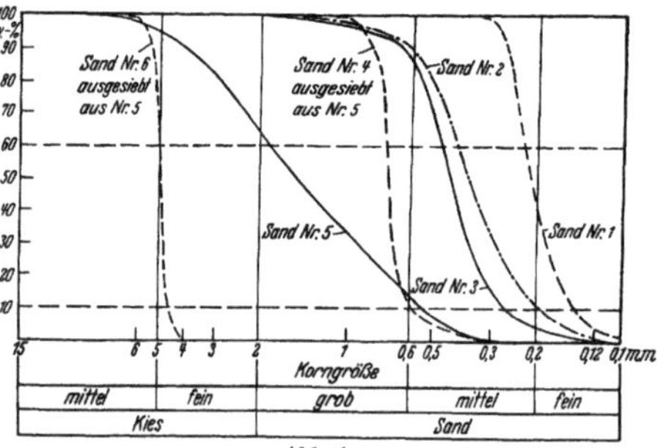

Abb. 1.

Zusammenstellung 1. Mittlere spez. Gewichte der Sande.

Sand-sorte	Spez. Gewichtsbestimmung mit			%
	Volumeno-meter	Pykno-meter	Unterschied	
1	—	2,6434	—	—
2	2,6400	2,6567	0,0167	0,63
3	—	2,6439	—	—
4	—	2,6416	—	—
5	2,6138	2,6370	0,0232	0,88
6	2,6038	2,6248	0,0210	0,80

zeigt einen Unterschied von $0,6 \div 0,9\%$, der daraus zu erklären ist, daß die Sandschüttung durch Kochen luftfreier wird als durch Absaugen.

3. Porenvolumen, Porenziffer, Verdichtungsfähigkeit, relative Dichte.

Eine Kennziffer für die Unterscheidung der Sande ist auch das Porenvolumen n in losem, natürlichem und gerütteltem Zustande und die daraus zu ermittelnde Verdichtungsfähigkeit. Ist n_0 das Porenvolumen des Sandes bei lockerster Lagerung, n_{min} das in naß eingestampftem Zustand und n das Porenvolumen auf natürlicher Lagerstätte, so ist nach Terzaghi, Erdbaumechanik S. 12, die Verdichtungsfähigkeit $F = \frac{n_0 - n_{min}}{n_{min}(100-n_0)}$, wenn alle n in % angegeben werden.

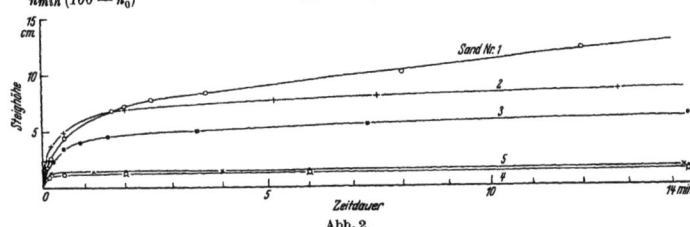

Abb. 2.

Die Zusammenstellung 2 gibt eine Übersicht über die als Mittel aus je 3 Versuchen bestimmten Kennziffern der Versuchssande.

Zusammenstellung 2. Die Kennziffern der Versuchssande.

Sandsorte	Wirksame Korngröße	Ungleichförmigkeitsgrad	Spez. Gew.	$n_0\%$ lose	$n\%$ Verdichtung trocken	$n_{mi}\%$ naß	F Verdichtf.
1	0,014	1,57	2,6434	44,30	39,50	32,42	0,653
2	0,019	2,10	2,6567	40,92	34,60	32,64	0,430
3	0,026	1,81	2,6439	39,30	35,20	30,95	0,436
4	0,060	1,25	2,6416	41,60	38,25	36,70	0,235
5	0,050	3,36	2,6370	38,67	34,55	33,05	0,271
6	0,450	1,09	2,6248	42,20	39,44	39,80	0,243

4. Versuchseinrichtung.

Für die Aufnahme des Sandes wurden teils eiserne, teils Glasgefäße benutzt. Die Belastung geschah durch Belastungsplatten (maximale Belastung 0,61 kg/cm²), durch Spitzendruck auf die Mitte der Druckplatte (maximale Belastung 2,3 kg/cm²), mittels einer Kugeldruckspindelpresse von Losenhausen (maximale Belastung 26,36 kg/cm²) oder durch Hebelbelastung (maximale Belastung 9,4 kg/cm²). Wasserzu- und -ableitung geschah durch die Bodenmitte der Gefäße. Saug- und Druckhöhe konnten durch Heben und Senken eines Überlaufgefäßes konstant gehalten werden. Die Höhenlage des Wasserspiegels wurde entweder durch einen an der inneren Wandung des Gefäßes verlaufenden sog. Beobachtungsbrunnen oder durch ein kommunizierendes Glasrohr beobachtet. Die vertikalen Bewegungen des Sandes wurden mittels Pegel und Leuner- oder Zeißuhren auf 0,01 mm genau gemessen.

B. Versuche.

I. Versuche nur mit Belastung.

Diese Versuche wurden mit trockenen und nassen Sandschüttungen durchgeführt.

Bei der Belastung von Sandschüttungen ist zu unterscheiden zwischen solchen, bei denen ein Bodenverdrängen nach oben um die Belastungsplatte möglich ist, und sólchen, bei denen diese Möglichkeit durch Belasten der ganzen Sandoberfläche ausgeschaltet ist. Es wurde außer der Bewegung der Belastungsplatte und der Grundpegel auch das Heben der freien Sandoberfläche, das durch das Verdrängen des Sandes bei Belastung hervorgerufen wurde, festgestellt (s. Abb. 3).

Die Zusammendrückung der Sandschüttung begann sofort mit Beginn der Drucksteigerung und wurde bei höheren Drucken geringer. Ungefähr zwischen der Belastungsstufe 80 und 100 kg, d. i. 2,5 und 3,0 kg/cm², hörte man bei allen Versuchen deutlich ein Knistern der Sandkörner im Gefäß, das wohl durch Absprengen der Ecken und

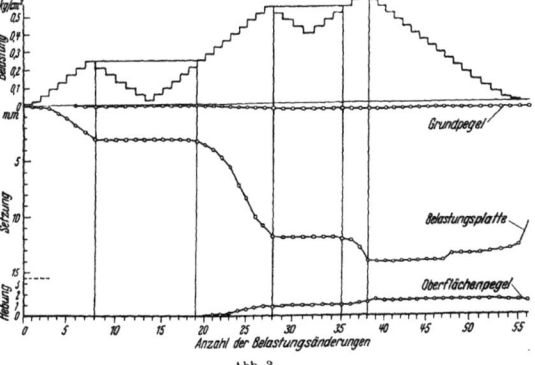

Abb. 3.

Kanten der Körner hervorgerufen wurde. Dieses Knistern konnte mit Unterbrechungen bis zum Ende des Belastungsvorganges wahrgenommen werden. Durch Sieben der Sandprobe vor und nach dem Versuch ließ sich an dem erhöhten Gehalt von feineren Sanden das Absprengen nachweisen. Das Ergebnis einer derartigen Siebung ist in nachstehender Zusammenstellung 3 mitgeteilt.

Das Verhalten der 6 Versuchssande wurde bei den Belastungsstufen 2,3 kg/cm², 10,2 kg/cm² und 26,2 kg/cm² untersucht. Alle Drucksetzungskurven der 6 Sande bei Belastung ohne Möglichkeit einer Bodenverdrängung zeigen, daß sich die Setzungszunahmen mit der Belastungssteigerung verringern. Die Kurven nähern sich asymptotisch der Horizontalen.

Zusammenstellung 3. Ergebnis der Siebung des für Versuch E 7a benutzten Sandes.

mm	0,0÷0,1	÷0,49	÷1,02	÷1,5	÷2,0	÷3,0
Vor dem Versuch	0,0%	3,14%	19,80%	9,58%	32,63%	34,85%
Nach dem Versuch	0,12%	3,73%	22,96%	9,89%	31,51%	31,79%
Änderung	+0,12%	+0,59% +4,18%	+3,16%	+0,31%	−1,12%	−3,06% −4,18%

Die Größe der Setzungen ist sehr stark abhängig von der Anfangsporenziffer ε, die die Schüttung vor Aufbringung der Belastung besaß. Je größer ε, also je lockerer die Lagerung, desto größer sind die Setzungen. Bei dichten Lagerungen mit kleiner Porenziffer sind die Setzungen sehr klein, und die Setzungskurven verlaufen sehr flach.

Man erkennt die Abhängigkeit der Setzungen von der Anfangsporenziffer aus der Abb. 4. Die Setzungen trockener Sandschüttungen sind durch Kreise, die der ebenfalls untersuchten nassen Sandschüttungen

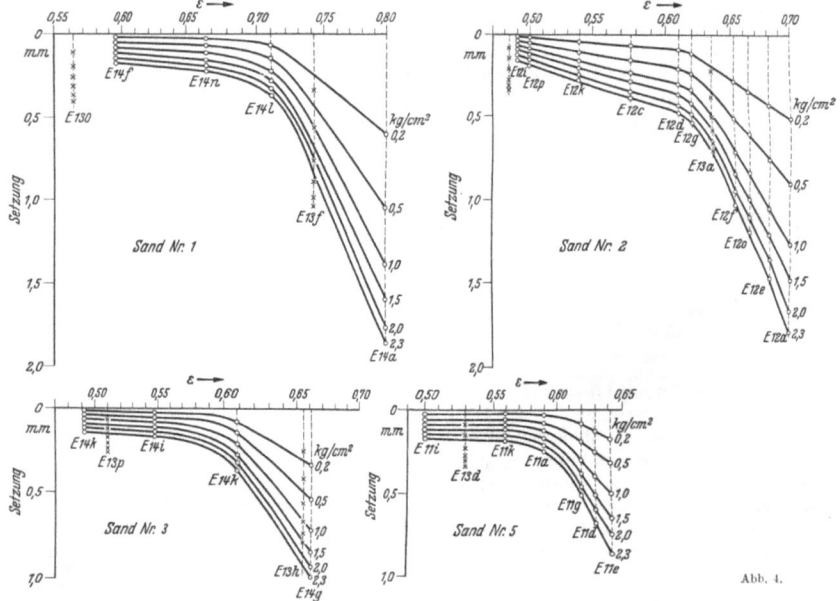

Abb. 4.

durch liegende Kreuze gekennzeichnet. Die beigeschriebenen Bezeichnungen (z. B. E 14 n) sind die Versuchsnummern der einzelnen Versuche.

Für alle Sande zeigen die Kurven ein gleichartiges Aussehen. Nach anfangs schwach geneigtem, fast geradlinigem Verlauf nimmt ziemlich plötzlich ihre Krümmung zu, worauf sie steil abfallen. Die plötzliche Zunahme der Krümmung liegt zwischen ε = 0,60 und ε = 0,75 und für verschiedene Sande nicht an der gleichen Stelle.

Sandschüttungen, deren Anfangsporenziffer noch in den ersten geraden Zweig der Kurven fällt, sind also so dicht gelagert, daß eine Belastungssteigerung nur geringe Setzungen hervorruft. Bei kleiner Porenziffer (ε < 0,60÷0,75) wächst die Setzungszunahme mit steigender Porenziffer linear; bei größer Porenziffer (ε > 0,60÷0,75) dagegen nicht mehr.

Bei nassen Sandschüttungen ist — vielleicht wegen stärkerer Umlagerung der Körner durch Strömungsdruck ausgepreßten Wassers — die Setzung zu Beginn der Belastung größer.

II. Versuche nur mit Wasserbewegung.

Diese Versuche dienen zur Feststellung des Einflusses einer Wasserspiegelbewegung auf die Formänderungen einer Sandschüttung. Die Versuchsanordnung ist aus Abb. 5 und 6 zu ersehen. Bei den Versuchsreihen ist zu unterscheiden zwischen solchen Versuchen, bei denen eine Senkung und Hebung des Wasserspiegels nur wenige Male nacheinander mit jeweils verschiedener Saug- und Druckhöhe durchgeführt und solchen, bei denen die Senkung und Hebung 80—220 mal mit konstanter Saug- und Druckhöhe wiederholt wurde. Für alle diese Versuche wurde derselbe Sand (Nr. 5) benutzt. Der Einfluß der Sandart auf die Versuchsergebnisse wurde endlich an drei gleichmäßig nebeneinander durchgeführten Versuchen mit Sand Nr. 1, 3 und 5 festgestellt. Bei allen Versuchen wurde die Temperatur möglichst konstant gehalten.

1. Einfluß der Saug- bzw. Druckhöhe auf die Bodenbewegungen.

Die Anfangsporenziffern zeigt Zusammenstellung 4. Die letzte Spalte gibt die Saug- bzw. Druckhöhe Δh an, die bei der Absenkung bzw. dem Ansteigen des Wasserspiegels geherrscht hat.

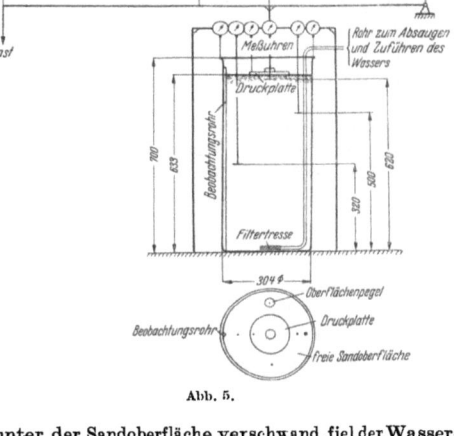

Abb. 5.

Der Gefäßwasserspiegel änderte sich bei konstanter Druckhöhe zu Beginn der Absenkung sprunghaft. Im Augenblick, wo der Wasserspiegel unter der Sandoberfläche verschwand, fiel der Wasserspiegel im Beobachtungsrohr plötzlich um 13,0; 16,5 und 21,7 cm in der Minute, je nach der Saughöhe von 0,50; 1 und 1,30 m, um dann bis zum Ende des Versuchs gleichmäßig abzusinken. Bei der Wasserzufuhrung stieg der Wasserspiegel im Beobachtungsrohr in den ersten Sekunden sehr rasch um 5÷10 cm und dann bis zum Ende gleichmäßig. Während der Dauer der Versuche konnte ein Unterschied zwischen dem Wasserspiegel im Beobachtungsrohr und dem im Sandboden festgestellt werden. Bei der Absenkung lag der erstere 5÷10 cm unter dem letzteren. Bei der Wasserzufuhr war es umgekehrt.

Zusammenstellung 4.
Die Anfangsporenziffern für die Versuche E 5a—e.

Vers. No.	$n\%$	Δh
E 5a	37,7	wechselnd
b	38,75	1,30
c	37,6	1,00
d	37,4	0,50
e	36,3	0,50

Abb. 6.

Bei allen Versuchen zeigte sich nach der ersten Absenkung, daß von der ursprünglich eingefüllten Wassermenge nur ein Teil wieder abgesogen werden konnte, während das übrige Wasser als Haftwasser in den Poren verblieb oder als Sickerwasser erst nach längerer Zeit sich am Gefäßboden sammelte. Die zurückgebliebene Menge schwankte zwischen 35÷48% des Anfangsporenvolumens und war abhängig von der Druckhöhe und somit von der Strömungsgeschwindigkeit des Wassers, wie Zusammenstellung 5 zeigt. Je schneller sich der Gefäßwasserspiegel senkte, desto mehr Wasser wurde in den Poren zurückgehalten.

44 Über das Verhalten des Sandes bei Belastungsänderung und Grundwasserbewegung.

Während des Absenkungsvorganges konnte man beobachten, daß die beim Einfüllen eingeschlossenen Luftblasen platzten, was eine Umlagerung der kleineren Körner zur Folge hatte. Nach der Wiederzuführung des Wassers konnte in die Sandschüttung weniger Wasser eingeführt werden, als vorher abgesogen

Zusammenstellung 5.

Vers.-Nr.	Druckhöhe m	Anfangs n %	Haft- und Sickerwasser in % des Porenvolumens
E 5 b	1,30	37,7	47,4
c	1,00	38,75	45,9
d	0,50	37,6	45,0
a	0,11	37,4	35,4

Zusammenstellung 6.

Versuch	Druckhöhe	Vor Beginn der Absenkung		Nach Wiederzuführung	
		Porenvolumen	Davon mit Luft erfüllt	Porenvolumen	Davon mit Luft erfüllt
	m	%	%	%	%
1	2	3	4	5	6
E 5 b	1,30	38,75	13,25	38,55	22,30
c	1,00	37,6	8,55	37,4	18,7
d	0,50	37,4	5,45	37,2	9,3

war, so daß sich eine Erhöhung des Luftgehaltes nach Wiederzuführung des Wassers gegenüber dem Zustand vor Beginn des Versuches ergibt, wie die Zahlenwerte in Zusammenstellung 6, Spalte 4 und 6 zeigen. Die Verringerung des Porenvolumens in Spalte 5 gegenüber Spalte 3 ist durch Setzungen der Sandschüttung infolge der Wasserspiegelbewegung verursacht.

Bei Steigen des Wasserspiegels nehmen durch den höheren Wasserdruck die Luftblasen an Größe ab (s. Abb. 7). Diese eingeschlossene Luft übt beim Füllen des Gefäßes einen sich immer steigernden Vertikal-

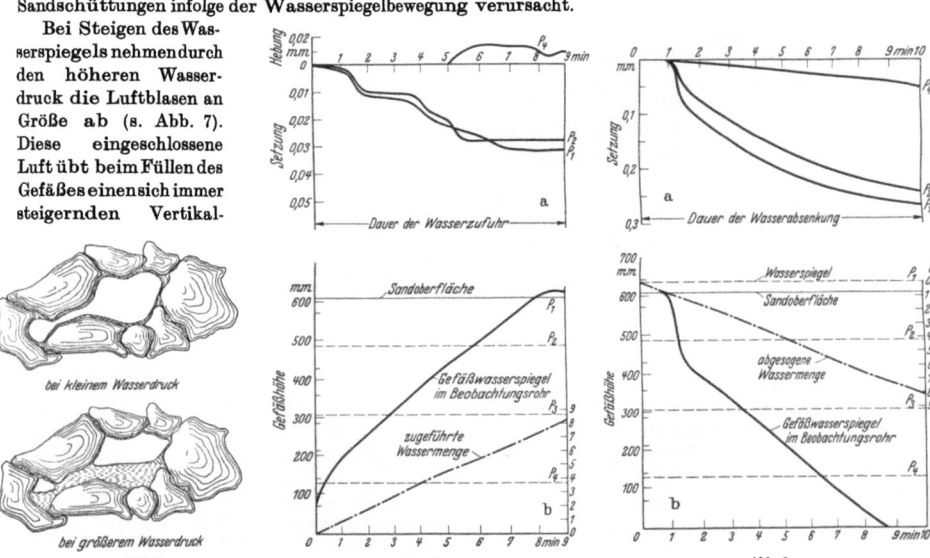

bei kleinem Wasserdruck

bei größerem Wasserdruck

Abb. 7.   Abb. 8.   Abb. 9.

druck nach oben aus. Die abgesogene und zugeführte Wassermenge bleibt bei weiteren Absenkungen und Zuführungen des Wasserspiegels ungefähr gleich; der Luftgehalt in den Poren ändert sich also nicht mehr wesentlich.

Die erste Wasserspiegelabsenkung hatte bei allen Versuchen eine Setzung zur Folge, die, abhängig von der Anfangsporenziffer und der Druckhöhe, an der Oberfläche 1÷2,5 mm ausmachte und in tieferen Schichten geringer war. Bei dem nachfolgenden Wasseranstieg waren Setzungen zu verzeichnen, die ungefähr bis 20% der ersten Setzung betrugen. Während der Versuchsdauer nahmen die Setzungen nicht gleichmäßig zu; die größte Setzung erfolgte vielmehr in dem Augenblick, wo der Wasserspiegel an der Oberfläche des Sandes verschwand. Bei dem Wasseranstieg waren die Bodenbewegungen ruckartig. Nach mehrmaligem Wiederholen dieser Vorgänge aber verringerten sich die Setzungen. Bei dem zweiten Wasseranstieg traten bei einigen Versuchen schon Hebungen auf. Die Beziehung zwischen dem Gefäßwasserspiegel und den Bewegungen der einzelnen Pegel geht aus den Abb. 8 und 9a und b hervor. Der Verlauf der Bodenbewegungen bei einem Wasseranstieg ist aus Abb. 9a und b zu ersehen. Abb. 8a und 9a geben die Bewegungen der einzelnen Pegel $P_1 - P_4$ wieder, Abb. 8b und 9b die Änderung

Versuche. 45

von Wassermenge und Gefäßwasserspiegel und die ursprüngliche Lage der Pegel P_1-P_4. Die Überflutung der Sandoberfläche bei unbelasteten Schüttungen hat nur wenig Einfluß auf die Pegelbewegungen.

Bei einigen Versuchen wurde, um den Einfluß der Gefäßwand auf die Setzungen nachzuprüfen, an der Oberfläche sowohl in Gefäßmitte als auch seitlich, 25÷30 mm von der Innenwand entfernt, je 1 Pegel gesetzt. Die Größe beider Setzungen stimmte fast überein. Bei unbelasteten Sandschüttungen ist also die durch die Strömung des Wassers und durch Gewichtsveränderung der Körner verursachte Bodenbewegung bei verschiedenen Wasserspiegelhöhen auf einem horizontalen Schnitt überall gleich groß. In Abb. 10 sind die Setzungen in Abhängigkeit von der Gefäßhöhe dargestellt. Zusammengehörige Werte der Setzungen liegen auf schwach gekrümmten Kurven. Die Setzungen nehmen also nicht geradlinig mit der Tiefe ab. Mit wachsender Anzahl der Spiegeländerungen streben die Setzungen einem Endzustand zu, worüber im nächsten Abschnitt Näheres ausgeführt wird.

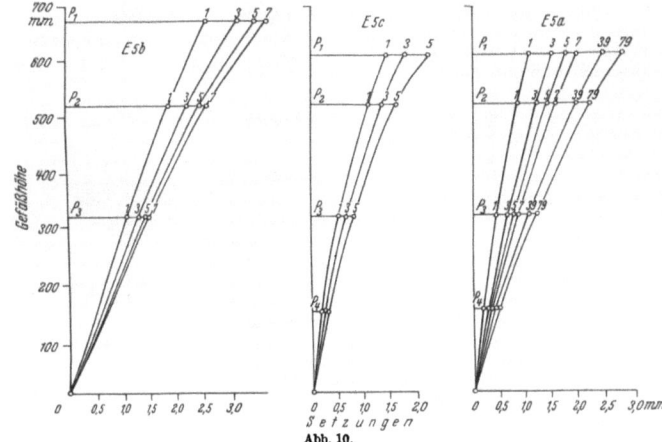

Abb. 10.

2. Einfluß häufiger Wasserspiegelschwankungen auf die Bodenbewegungen. Im Laufe der unter 1. beschriebenen Versuche stellte es sich heraus, daß die Bewegungen einer Sandschüttung mit der Anzahl der Wasserspiegeländerungen geringer wurden. Aus diesem Grunde wurde bei den folgenden Versuchen ein 80- (Druckhöhe 0,50 m) bzw. 220- (Druckhöhe 2,40 m) maliger Wechsel des Wasserspiegels mit gleicher Saug- und Druckhöhe vorgenommen.

Die Dauer der einzelnen Versuche, sowohl der Wasserspiegelsenkungen als auch der -hebungen, betrug am Anfang ~8,4 Min. und am Ende ~8 Min., nahm also um ungefähr 2,5÷3,5% ab. Die abgesogene und zugeführte Wassermenge blieb nach der ersten Wasserzufuhr bis zum Ende ungefähr

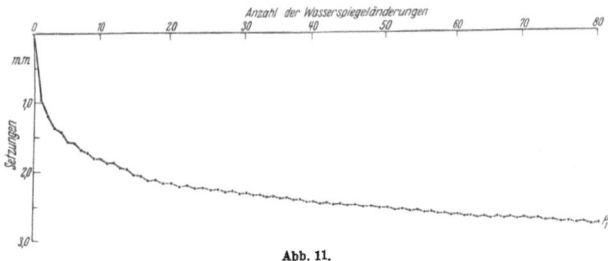

Abb. 11.

gleich groß. Der Lufttraumgehalt, der nach dem ersten Wasseranstieg von 5,45 auf 9,30%, also um 3,7÷3,9% des jeweiligen Porenvolumens zunahm, veränderte sich nachher fast nicht mehr.

In Abb. 11 ist die jeweilige Höhenlage des Oberflächenpegels $P\,1$ für jede Wasserspiegeländerung dargestellt. Abb. 12 zeigt die Bewegung des Sandes in verschiedenen Tiefen a bei wiederholter Wasserspiegelsenkung. Die Kurven der Abb. 12 streben einem Endwert zu und haben etwa hyperbolische Form. Eine mehrfache Wiederholung von Wasserspiegelhebungen und -senkungen bewirkt nach einer gewissen Anzahl ein ungefähr gleichmäßiges Heben und Setzen (,,Atmen") der Sandschüttung. Nach Beendigung des Versuches wurden in drei verschiedenen Höhenlagen: an der Oberfläche, in der Gefäßmitte und am Boden des Gefäßes Sandproben entnommen und gesiebt. Die verschiedenen Proben stimmten annähernd untereinander überein, die 80- bzw. 220malige Wasserbewegung hat also kein merkbares Absinken der feineren Bodenteile nach unten verursacht.

3. Einfluß verschiedener Sandsorten auf die Bodenbewegungen. Um den Einfluß verschiedener Korngrößen zu untersuchen, wurden Versuche mit den drei verschiedenen Sandsorten Nr. 1, 3 und 5 durch-

46   Über das Verhalten des Sandes bei Belastungsänderung und Grundwasserbewegung.

geführt. Es ist bei solchen Versuchen mit Feinsanden zu beachten, daß die Druckhöhe nicht zu groß gewählt werden darf, weil sich sonst Querfugen in den Sandzylindern bilden. Sie entstehen dadurch, daß die zugeführte Wassermenge größer ist als die, die durch die Poren entweicht. Die Versuchseinrichtung zeigt Abb. 13.

Die Anfangsporenziffern der drei Sande betragen:

        Sand 1. . . . $n = 38{,}2\%$ $\varepsilon = 0{,}618$ Versuch E 15 a
              3. . . . $n = 35{,}2\%$ $\varepsilon = 0{,}544$ „   E 15 b
              5. . . . $n = 33{,}1\%$ $\varepsilon = 0{,}494$ „   E 15 c

Man sieht, daß die drei verschiedenen Sande bei gleicher Art des Einfüllens verschiedene Dichte besitzen. Die Dichte nimmt von den Grob- nach den Feinsanden zu. Die Versuchsdauer verringerte sich mit der

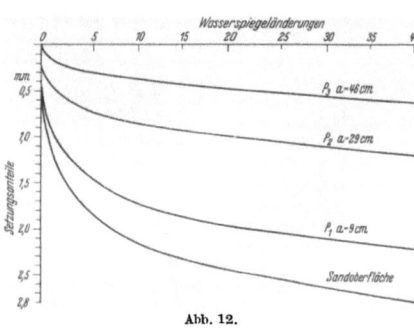

Abb. 12.

Abb. 13.   Abb. 14.

Anzahl der Spiegeländerungen. Die nach der ersten Absenkung zugeführte Wassermenge war geringer als die abgesogene Menge.

Die bei den drei Versuchen beobachteten Pegelbewegungen, also die Bewegungen der Sandoberfläche, zeigen für die 11 Wasserspiegelsenkungen bzw. -hebungen die Abb. 14a—c. Da der absolute Betrag der Gesamtbewegungen bis zur 10. Wasserzufuhr für die drei Versuche sich wie 75 : 11 : 1 verhielt, können die Beobachtungen nicht in einer einzigen Abbildung dargestellt werden. Die Ergebnisse wurden deshalb in den drei Abb. 14a—c im jeweils passenden Maßstab aufgezeichnet.

Aus diesen Aufzeichnungen ist zu ersehen, daß ein Heben und Senken des Wasserspiegels auch ein Heben und Senken des Sandes im Gefolge hat. Bei den feineren Sanden 1 und 3 überwiegt die Hebung bei Wasserzuführung, bei dem gröberen Sand 5 die Setzung bei Wasserabsenkung. Die Höhenlage des Wasserspiegels strebt bei allen diesen Versuchen asymptotisch einem Endzustand zu, der bei den beiden Sanden 3 und 5 schon bald erreicht zu sein scheint, während bei Sand 1 die Höhenlage noch nach 20 Hebungen weiter zunimmt. Bei Fortführung der Versuche würde sich der Betrag für Heben und Senken ungefähr ausgleichen, so daß ein gleichmäßiges Heben und Setzen („Atmen") zustande käme.

Versuche. 47

III. Versuche mit gleichzeitiger Belastung und Wasserbewegung.

Während bei den bislang besprochenen Versuchen auf die Sandschüttungen entweder nur Belastungsänderungen oder nur Wasserbewegungen einwirkten, werden im folgenden die Versuche behandelt, bei denen beide zusammen wirksam sind. Diese Versuche wurden mit und ohne seitliches Bodenverdrängen (Wulstbildung um die Lastplatte) durchgeführt.

1. Sandschüttungen mit Bodenverdrängung. Die Belastungsänderungen, die Wasserbewegungen und die dadurch hervorgerufenen Bodenbewegungen sind in Abb. 15 dargestellt. Die durch Belastungssteigerung hervorgerufenen Setzungskurven am Anfang nähern sich asymptotisch einer Horizontalen. Infolge der nachfolgenden Wasserspiegelsenkung und -hebung fallen sie wieder steil ab. Bei weiterer Wiederholung der Wasserbewegung werden die Setzungszunahmen dann geringer, die Kurven streben von neuem einer Horizontalen zu. Die anschließende Weiterbelastung bei abgesenktem Wasserspiegel bringt keine Änderungen in ihrem Verlauf. Erst die anschließende Wasserzufuhr hat wieder eine starke Setzung zur Folge. Dasselbe konnte bei der nächsten Belastungssteigerung und anschließender Wasserzufuhr beobachtet werden. Die Entlastung am Schluß rief nur geringe Hebungen hervor. In Abb. 16 ist die Bewegung des Sandes in Abhängigkeit von der Tiefe gezeigt. Aus der plötzlichen Krümmungszunahme zwischen den Pegeln 2 und 3 ist zu ersehen, daß die größten Setzungen in dem kleinen Bereich von ungefähr 8÷10 cm unter der Oberfläche stattfinden. In größerer Tiefe ist die Setzungszunahme nicht so groß. Der Setzungsbetrag nimmt also mit zunehmender Tiefe nicht geradlinig ab.

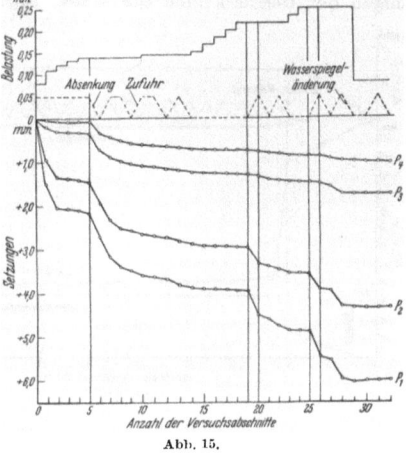

Abb. 15.

Bei einem anderen Versuch wurde neben den Bewegungen des Sandes in verschiedener Tiefe die Bewegung der unbelasteten Oberfläche gemessen.

Für die erstmalige Wasserzufuhr in die trockene Sandschüttung wurden 56 Min., für die weiteren 17÷19 Min. benötigt. Das Kapillarwasser eilte bei der ersten Wasserzufuhr dem Wasserspiegel 10÷15 mm, später 30÷40 mm, voraus. Es wurden zuerst 14,6 Liter Wasser zugeführt; bei der folgenden Absenkung betrug die abgesogene Menge 10,4 Liter, also verblieben als Haft- und Sickerwasser ungefähr 4,2 Liter in den Poren, d. h. ungefähr 27,8% des Anfangsporenvolumens. Bei den weiteren Spiegeländerungen blieb die Zu- bzw. abgeführte Menge ungefähr gleich 8÷8,2 Liter. Während also nach dem ersten lange andauernden Wasseranstieg ungefähr 4% Luft in den Poren enthalten war, stieg der Luftgehalt bei dem zweiten Anstieg auf 14,7÷16% des Porenvolumens und blieb dann ziemlich konstant. Während der Durchführung des Versuches wurde auch hierbei das plötzliche Absinken des Wasserspiegels nach Durchfluß der Sandoberfläche beobachtet.

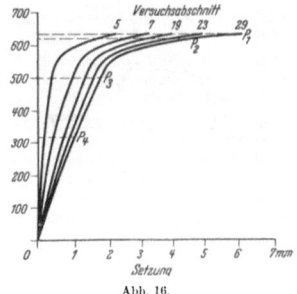

Abb. 16.

Aus dem Verlauf der Kurven (Abb. 17) geht hervor, daß mit Steigerung der Belastung die Setzung der Belastungsplatte und die Hebung des Oberflächenpegels gleichmäßig und ziemlich stark zunimmt. Die Hebung der freien Oberfläche beträgt 62% der Setzungen der Belastungsplatte. Die anschließende Wasserhebung ruft ein ruckartiges, sehr starkes Setzen bzw. Heben hervor. 33 nachfolgende Wasserspiegeländerungen hatten nur wenig Einfluß auf die Bewegungen. Mit der Anzahl der Spiegeländerungen werden die Setzungszunahmen geringer, und die Kurve strebt asymptotisch einer Horizontalen zu. Während dieser Änderungen setzt sich die freie Oberfläche ebenfalls um einen geringen Betrag.

Nach 24 tägiger Austrocknung der Sandschüttung wurde dann weiter belastet bis 1 kg/cm². Die hierdurch bewirkte Setzungs- bzw. Hebungszunahme war sehr gering. Die nachfolgende Wasserzufuhr hatte wiederum ein plötzliches Setzen der Belastungsplatte und Heben der freien Oberfläche zur Folge. Bei den beiden durch Wasserzufuhr bewirkten ruckartigen Setzungen betrug die Hebung der freien Oberfläche 29,8 bzw. 29,6% des Setzungsbetrages der Druckplatte. Der Grundpegel machte die Bewegungen der

3*

Belastungsplatte mit, nur in viel kleinerem Maße. Seine Setzungen betrugen ungefähr 4,5% der Setzungen der Belastungsplatte. Die Setzungen werden also hauptsächlich an der Oberfläche durch Bodenverdrängung (Wulstbildung) und nur zu einem geringen Teil durch Verdichtung hervorgerufen.

Die Bewegung der Sandschüttung während einer Wasserzufuhr verlief nicht gleichmäßig. In Abb. 18 ist die Setzung der Belastungsplatte und die Hebung der freien Oberfläche in Abhängigkeit von der Höhenlage des Wasserspiegels zur Sandoberfläche dargestellt.

2. Sandschüttungen ohne Bodenverdrängung. Aus der Abb. 19 sind der Belastungsvorgang, die Setzungen der Oberfläche und die Wasserspiegeländerungen ersichtlich. Die Setzungszunahmen durch

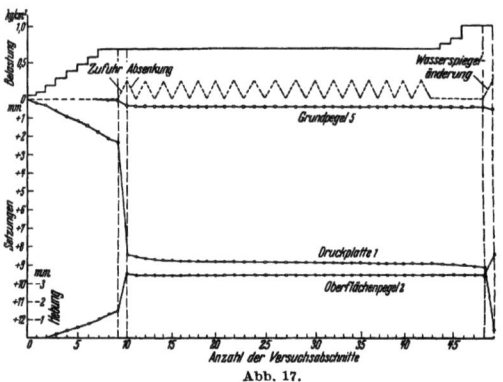
Abb. 17.

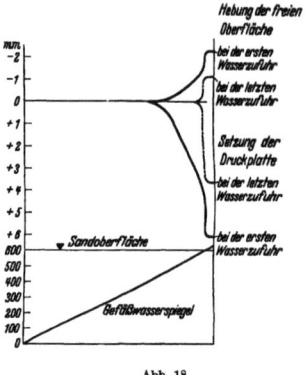
Abb. 18.

Belastungssteigerung werden immer geringer. Eine Entlastung hat nur geringe Hebungen zur Folge. Die bei dem 54. Versuchsabschnitt vor der Absenkung eingetretene plötzliche Setzung erfolgte unter lautem Knirschen der Sandkörner nach dem Aufbringen der letzten Laststufe. Anscheinend wurde hierbei durch Zerbrechen von Sandkörnern der Gleichgewichtszustand innerhalb der Schüttung gestört.

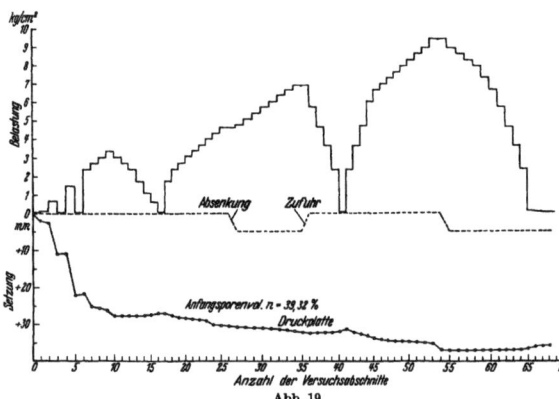
Abb. 19.

Während der Belastungssteigerung mußte das Wasser, das aus den Poren herausgepreßt wurde und sich über der Druckplatte sammelte, abgesogen werden. Insgesamt wurden bis zur Belastung von 4,634 kg/cm² 16,2 Liter Wasser abgesogen, so daß noch 166 Liter Wasser im Gefäß verblieben. Aus dieser ausgepreßten Wassermenge ist auf die Porenvolumenabnahme, also die Setzung der Oberfläche, zu schließen. Diese 16,2 Liter Wasser entsprechen einer Setzung von ungefähr 30 mm. Die tatsächlich gemessene Setzung betrug 30,916 mm.

Nach Aufbringen einer neuen Last stieg der Wasserspiegel im Beobachtungsrohr zunächst sehr rasch an und fiel dann nach einiger Zeit wieder zurück. Dieser Vorgang ist so zu erklären, daß durch die Setzung das Wasser aus den Poren herausgepreßt wird und daß, da es nicht so schnell nach oben abfließen kann, im unteren Teil des Gefäßes ein Überdruck entsteht. Er wird im Beobachtungsrohr, das direkt mit dem Boden des Gefäßes in Verbindung steht, angezeigt.

Die Setzungszunahmen waren im Augenblick, wo der Wasserspiegel unter der Sandoberfläche verschwand, am größten, verringerten sich dann bis zum Ende ungefähr gleich stark und blieben konstant. Sie betrugen insgesamt 0,083 mm. Eine Setzung von gleicher Höhe wäre erfolgt, wenn statt der Wasserabsenkung eine Belastungsänderung von 0,15 kg/cm² aufgebracht worden wäre.

IV. Zusammenfassung.

Aus vorstehend geschilderten Versuchen geht hervor, daß die durch Belastungsänderung und Wasserbewegung in Sanden hervorgerufenen Auswirkungen (Bewegungen) sich unterscheiden, je nachdem, ob ein Bodenverdrängen möglich ist oder nicht.

a) Belastungssteigerungen in Sandschüttungen mit Bodenverdrängen haben stets Setzungen der Belastungsplatte und Hebungen der freien Sandoberfläche (Wulstbildung) zur Folge. Die Drucksetzungskurven sind hierbei stets nach oben gekrümmte Kurven. Eine Verdichtung wird nur unter der Belastungsplatte erzielt, während an der freien Oberfläche und seitlich vom Verdichtungskern eine Auflockerung stattfindet.

Belastungssteigerungen ohne Bodenverdrängung haben stets Setzungen zur Folge, die mit weiterer Zunahme der Belastung geringer werden. Die Drucksetzungskurven sind nach unten gekrümmt und streben asymptotisch einem Endwert zu. Bei der Belastung wird in der ganzen Schüttung eine Verdichtung erzielt.

Die Setzungen in Sandböden entstehen
1. durch elastische Verformung der einzelnen Körner,
2. durch Umlagerung von Sandkörnern,
3. durch Zerbrechen und
4. durch Verdrängen der Sandkörner nach der Seite und nach oben.

1. Setzungen infolge elastischer Verformung der einzelnen Körner treten besonders bei sehr dicht gelagerten Sandschüttungen auf, also entweder in Schüttungen mit kleiner Anfangsporenziffer oder in anfänglich lockeren Lagerungen nach vorausgegangener hoher Belastung, wenn also schon eine dichte Struktur durch Umlagerung der Körner erreicht ist. Die einzelnen Körner werden dann an der Druckübertragung nach der Tiefe beteiligt und erleiden durch den Druck eine elastische Verformung. Die Summe aller elastischen Formänderungen in der Schüttung hat eine Setzung der Belastungsplatte zur Folge. Der Anteil der auf die elastische Verformung der Einzelkörner zurückzuführenden Setzungen an der Gesamtsetzung ist jedoch in allen Fällen sehr gering.

2. Die Setzungen durch Umlagerung machen sich besonders bei lockeren Schüttungen in großem Maße bemerkbar. Durch die Belastungssteigerung erfahren die Sandkörner, je nach ihrer Auflagerung, eine Kipp- oder Drehbewegung; dadurch fallen kleinere Körner von oben nach und füllen die Poren, so daß eine dichtere Lagerung entsteht. Diese Verdichtung durch Umlagerung wird mit der Abnahme des Porenvolumens geringer und schließlich gleich Null.

3. Gleichzeitig werden mit wachsender Belastung die Beanspruchungen der einzelnen Körner immer größer. Sobald hierbei die Bruchgrenze des Gesteinsmaterials überschritten wird, tritt unter Knistern die Zertrümmerung von einzelnen Körnern ein. Infolge dieser Zertrümmerung nehmen die feineren Bestandteile der Sandschüttung zu (s. Zusammenstellung 3). Die hierbei entstehenden Umlagerungen haben weitere Setzungen zur Folge.

4. Das Verdrängen von Sandkörnern kann nur auftreten bei Belastung solcher Schüttungen, bei denen die seitliche Ausdehnung nicht behindert ist, also die belastete Schüttung nicht durch starre Wände abgeschlossen ist, oder bei solchen, bei denen die Belastungsfläche kleiner ist als die zu belastende Sandoberfläche; bei diesen können die Sandkörner an der unbelasteten Oberfläche herausgedrängt werden. Der Betrag der Setzung kann hierbei ziemlich groß sein. Es bildet sich um die Belastungsplatte ein Wulst, der in der Nähe der Platte am höchsten ist.

b) Wasserspiegelsenkungen und -hebungen in unbelasteten Sandschüttungen mit und ohne Bodenverdrängen rufen Setzungen und Hebungen der Sandoberfläche hervor. Bei Grobsanden überwiegen die Setzungen bei der Spiegelsenkung, bei Mittel- und Feinsanden die Hebungen bei der Wasserspiegelhebung. Mit steigender Anzahl der Wasserbewegungen gleichen sich bei allen Sanden die Setzungs- und Hebungserscheinungen aus, und es entsteht ein „Atmen" der Sandschüttung. Die Sandbewegungen in Abhängigkeit von der Anzahl der Wasserspiegeländerungen ergeben für Grobsand nach oben, für Mittel- und Feinsand spiegelbildlich dazu nach unten gekrümmte Kurven. Durch mehrmalige Wasserspiegelsenkung und -hebung wird bei Grobsanden eine bestimmte Verdichtung, bei Mittel- und Feinsanden eine bestimmte Auflockerung erzielt.

Außer den Bewegungen der Sandschüttung wurde beobachtet, daß mit mehrmaliger Wasserspiegeländerung die Zeitdauer der Ab- und Zuführung des Wassers und die ab- und zugeführte Wassermenge sich ändert und der Wasserspiegel bei gleicher Druckhöhe sich nicht gleichmäßig senkt.

1. Die Strömung des abgesogenen bzw. zugeführten Wassers sucht sich durch Umlagerung der kleinsten Körner den Weg des geringsten Widerstandes. Sie begradigt ihren Porenweg. Dies geht aus der zeitlichen Abnahme der Versuchsdauer für Wasserbewegungen mit gleicher Saug- und Druckhöhe hervor, die mit der Anzahl der Spiegeländerungen bis zu einem bestimmten Betrag abnimmt und dann konstant bleibt.

2. Der Luftgehalt nimmt nach der ersten Wasserzuführung zu und ändert sich bei weiteren Spiegelhebungen nur noch wenig. Dies ergibt sich daraus, daß die zuerst abgesogene Wassermenge größer ist als die dann wieder zugeführte; bei weiterer Wiederholung der Wasserbewegung bleibt die jeweils zugeführte Menge ungefähr gleich. Die Luftzunahme in den Poren ist bei den Versuchen mit Glasgefäßen durch das Glas zu beobachten. Sie ist wohl darauf zurückzuführen, daß das Kapillarwasser der Luft den Weg nach oben hin abschneidet. Der kapillare Anstieg wird durch die Brückenbildung einzelner Körnergruppen gefördert.

3. Beim Absenken des Wasserspiegels, der bei den Versuchen immer über der Sandoberfläche lag, wurde festgestellt, daß er sich bei gleichem Druckhöhenunterschied zuerst allmählich senkte, dann im Augenblick, wo er über der Sandoberfläche verschwand, plötzlich stark abfiel, um bei weiterer Absenkung wieder gleichmäßig und langsamer zu fallen. Durch das besprochene plötzliche Absinken des Wasserspiegels wird auch die größte Setzung des Sandes bedingt.

Die Bewegungen der Sandschüttungen laufen hierbei ungefähr horizontal über die ganze Gefäßebene. An der Oberfläche sind die Setzungen und Hebungen wesentlich größer als in der Tiefe.

Die Bewegungen der Sandschüttung bei der Wasserabsenkung werden verursacht:
1. durch Umlagerung der Körner infolge der Strömung des Wassers nach unten,
2. durch die Gewichtszunahme der Körner nach Fehlen des Auftriebs,
3. durch die Gewichtszunahme der Schüttung infolge des in den Poren befindlichen Haft- und Sickerwassers,
4. durch Umlagerung von Körnern infolge von eingeschlossenen Luftblasen.

Die Ursachen 1 und 4 bedingen die größten Setzungen.

Die Bewegungen der Sandschüttung bei der Wasserzuführung werden hervorgerufen:
1. durch Umlagerung von Körnern infolge der Strömung des Wassers nach oben,
2. durch Gewichtsverminderung der Körner infolge des Auftriebs,
3. durch Gewichtsverminderung der Schüttung infolge des Wegfalls von Haft- und Sickerwasser,
4. durch den senkrecht nach oben wirkenden Druck der eingeschlossenen Luftblasen.

Auch hier bewirken die Ursachen 1 und 4 die größten Setzungen.

Die ersten Spiegelhebungen haben bei grobkörnigen Schüttungen Setzungen zur Folge, die bei weiterer Wiederholung, d. h. wenn die Sandschüttung genügend verdichtet ist, in Hebungen übergehen. Bei Mittel- und Feinsanden erfolgen die Hebungen schon nach der ersten Wasserzufuhr, deren Beträge im Vergleich mit denen der Grobsande verhältnismäßig groß sind. Die Größe der Setzungen und Hebungen ist abhängig:
1. von dem Saug- und Druckhöhenunterschied,
2. von der Korngrößenverteilung des Materials,
3. von der Anfangsporenziffer der Sandschüttung und im Zusammenhang damit
4. von der Anzahl der schon erfolgten Wasserspiegeländerungen.

c) Folgt auf eine **Belastungssteigerung** einer Sandschüttung mit Bodenverdrängung eine **Wasserspiegeländerung,** so setzt sich die Belastungsplatte ruckweise und die freie Sandoberfläche hebt sich plötzlich (Wulst). Nach mehrmaligen darauffolgenden Wasserbewegungen streben die Setzungszunahmen einem Endwert zu. Hierbei entsteht wie bei 1a ein Verdichtungskern unter der Belastungsplatte und seitlich davon eine Auflockerung.

Folgt auf eine Belastungssteigerung einer Sandschüttung ohne Bodenverdrängung eine oder mehrere Wasserspiegeländerungen, so erfolgen nur geringe Bewegungsänderungen.

d) Folgt auf mehrmalige **Wasserspiegeländerung** einer **belasteten** Sandschüttung mit oder ohne Bodenverdrängung eine **Belastungssteigerung,** so ist die dadurch hervorgerufene Setzung der Belastungsplatte und damit auch die Hebung der freien Oberfläche sehr gering.

Folgt auf eine Belastungssteigerung bei unbehinderter Bodenverdrängung eine Wasserspiegeländerung, so hat diese eine starke Senkung zur Folge. Das plötzliche Setzen der Belastungsplatte ist folgendermaßen zu erklären: Die Bewegungen der Platte waren nach einer bestimmten Zeit nach Aufbringen der letzten Laststufe zu Ende gekommen. Es ist durch Bodenverdrängung nach oben rings um die Belastungsplatte ein Wulst entstanden; gleichzeitig hat sich ein Gleichgewichtszustand im Boden hergestellt. Durch das ansteigende Wasser erleiden die kleinsten Körner infolge des Auftriebs eine Gewichtsverminderung, durch die Strömung des Wassers und der nach oben steigenden verdrängten Luftblasen eine Kraft vertikal nach oben. Dadurch wird die ganze Bodenstruktur und damit der Gleichgewichtszustand gestört. Wenn das Wasser nun auch den Wulst durchfeuchtet und aufgelockert hat, tritt der Setzungssprung auf, der von einer neuen Wulstbildung begleitet ist. Diese neue Struktur wird durch nachfolgende Wasserspiegeländerungen nur wenig beeinflußt.

Die durch die statische Belastung von Sandschüttungen ohne Bodenverdrängen und durch Wasserbewegungen in Grobsanden, sowohl mit als auch ohne Bodenverdrängen, erhaltenen Setzungskurven und damit auch die Druckporenzifferdiagramme ähneln denjenigen von Pippas, die durch dynamische Belastung bei mehrmaligem Fall einer Stahlkugel erzielt wurden.

Man kann also eine Sandschüttung auf drei Arten verdichten:
1. durch statische Belastung,
2. durch Wasserbewegungen,
3. durch dynamische Belastung.

Statische Belastungsversuche von Sandschüttungen im Laboratorium sind bereits in großer Anzahl durchgeführt worden (s. Literaturverzeichnis).

Verschiedentlich wurde auch die Wulstbildung bei Belastung von Sandschüttungen mit Bodenverdrängung beobachtet; die Drucksetzungskurven und die Druckporenzifferdiagramme aller dieser Versuche ähneln den hier gefundenen.

Die bei Probebelastungen im Gelände und durch Beobachtung an Bauwerken erhaltenen Drucksetzungskurven gleichen den Setzungskurven, die sich im Vorstehenden durch Belastung von Sandschüttungen mit Bodenverdrängung ergeben haben.

Nach Abschluß der Arbeit wurden in der holländischen Zeitschrift „De Ingenieur" 1903 Veröffentlichungen gefunden über die Verdichtungsfähigkeit von Sandschüttungen durch Wasserspiegelsenkung und -hebung. Beide Versuchsreihen ergaben, daß durch Wasserbewegungen, am stärksten durch die Wasserspiegelsenkung, Verdichtungen des Sandes und daher größere Tragfähigkeit erzielt wird. Außerdem ist aus der Gegenüberstellung der Versuchsergebnisse zu ersehen, daß mit Wasser gesättigter Sand weniger tragfähig ist als trockner oder feuchter.

Es gibt viele Beispiele von Bauwerken, die auf aufgeschüttetem oder nicht genügend verdichtetem Sand aufgeführt, oder Dämme, die in dieser Weise gebaut wurden und durch plötzliche Wasserspiegelhebung versackten. Dies bezog sich auf locker gelagerten oder künstlich aufgebrachten Sand.

Der Sand in der Natur ist jedoch meistens durch die Ablagerung und durch die dauernden Grundwasserspiegeländerungen so dicht und fest gelagert, daß irgendeine größere Setzung nicht mehr zu erwarten ist. Im Laufe der Jahrzehnte ist die Grundwassersenkung schon so oft angewandt worden, ohne daß gefährliche Setzungen auftraten. Es sei erinnert an die Untergrundbahnbauten in Berlin (Kaiser Wilhelm-Gedächtniskirche), Schiffsschleuse in Jymuiden, Umbau der Staatsoper usw., wo keinerlei gefährliche Setzungen eintraten. Beim Sand in der Natur befindet sich das Wasser nur in den Poren und nimmt nicht an der Druckübertragung teil. Eine geringe Setzung tritt ein bei der Absenkung; sie ergibt sich aus der elastischen Zusammendrückung der unteren Sandkörner durch Wegfall des Auftriebs und Mehrgewicht des entwässerten Bodens infolge des Haftwassers. Auf diese Erhöhung des Gewichts durch das Haftwasser hat B. Körner, Bautechnik 1927, S. 614, zuerst hingewiesen.

Bezeichnungen.

n = Porenvolumen in natürlicher Lagerung in % des Gesamtvolumens.
n_0 = Porenvolumen in lockerster Lagerung in % des Gesamtvolumens.
n_{min} = Porenvolumen in naß eingestampftem Zustand in % des Gesamtvolumens,
F = Verdichtungsfähigkeit $F = \dfrac{n_0 - n_{min}}{n_{min}(100 - n_0)}$.

ε = Porenziffer: $\varepsilon = \dfrac{n}{100 - n}$.

E 1a usw. = Versuchsnummern.
$\triangle h$ = Saug- oder Druckhöhe.

Literaturverzeichnis.

1. Aichhorn: Über die Zusammendrückung des Bodens infolge örtlicher Belastung. Geol. u. Bauw. 1932, H. 1.
2. Bernhard, K.: Untertunnelung eines bewohnten Geschäftshauses für die Untergrundbahn Berlin. Zbl. Bauverw. 1906, Nr. 95.
3. — Die Bauanlagen des Großkraftwerks West der Berliner Städt. Elektr.-Werke A.-G., Z. VDI 1931, S. 205.
4. Blattner, H.: Das Grundwasserabsenkungsverfahren beim Neubau der Schweizer Volksbank in Biel. Schweiz. techn. Z. 1929, H. 45.
5. Brannekämper, Th.: Die Senkungserscheinungen im Hoch- und Tiefbau der Stadt München. Diss. T. H. München 1930.
6. — Die Senkungserscheinungen an Turmbauten und ihre bodenphysikalischen Ursachen. Bauing. 1932, H. 41/42.
7. — Münchens Grundwasser und die Wirkung seiner Bewegungen auf den Baugrund. Wkr. Wass. Wirtsch. 1932. H. 20.
8. Eicke: Beobachtungen bei den Höhenmessungen an der Nordschleuse und Columbusmauer in Bremerhaven. Bautechn. 1932, H. 36.
9. Engesser: Zur Theorie des Baugrunds. Zbl. Bauverw. 1893, S. 306.

Literaturverzeichnis.

10. Enzweiler, M.: Die Anwendung der Grundwasserabsenkungsmethode auf den Unterwassertunnelbau unter Berücksichtigung der Großberliner Verhältnisse. Berlin 1918.
11. Emperger: Die zulässige Belastung des Baugrundes. Bautechn. 1926, H. 16 u. 27.
12. Franzius, O.: Der Grundbau. Berlin: Julius Springer 1927.
13. Görner, E. W.: Über den Einfluß der Flächengröße auf die Einsenkung von Gründungskörpern. Geol. u. Bauw. 4 (1932), H. 3.
14. Goldbeck-Bussard: Supporting Value of Soil as Influenced by the Bearing Area. Public Roads 1925 Vol. 5, Nr. 11.
15. Graevell: Erddruck und die kolloidalen Stoffe. Wasserkr. und Wasserwirtsch. 1922, S. 219.
16. Hazen, A.: The Filtration of public water supplies. 24. Ann. Report of the State Board of Health of Massachusetts for 1812. New York 1895.
17. Hugi: Untersuchungen über die Druckverteilung im örtlich belasteten Sand. Wissenschaftliche Arbeiten, ausgeführt im Laboratorium für Erdbaumechanik Zürich. Veröffentl. 1.
18. De Ingenieur: Holländische Zeitschrift Jahrg. 1903. Auszug „Über den Einfluß des Grundwasserstands auf die Tragfähigkeit von Sandbettungen." Z. öst. Ing. u. Arch.-Ver. 1903, S. 445.
19. Iterson: Die Tragfähigkeit des Baugrundes. Bauing. 1928, H. 48.
20. Kittel: Der Bau der neuen Schiffsschleuse zu Ijmuiden. Bautechn. 1926, S. 309.
21. Kögler: Über die Verteilung des Bodendruckes unter Gründungskörpern. Bauing. 1926, H. 6.
22. — Die Belastung des Baugrundes. Bauing. 1927, H. 44.
23. — Über Baugrundprobebelastungen. Alte Verfahren, Neue Erkenntnisse. Bautechn. 1931, H. 24.
24. Kögler-Scheidig: Druckverteilung im Baugrund. Bautechn. 1927, H. 29, 31.
— Druckverteilung im Baugrund. Bautechn. 1928, H. 15, 17.
— Druckverteilung im Baugrund. Bautechn. 1929, H. 18, 52.
25. Körner, B.: Bodensetzungserscheinungen bei Grundwasserabsenkungen. Bautechn. 1927, S. 614.
26. Kreß, H.: Der heutige Stand des Grundwasserhaltungsverfahrens und seine Bedeutung für die Tiefgründungstechnik. Mitt. Siemens & Halske A. G. 1914.
27. — Vom Bau der Berliner und Hamburger Untergrundbahnen. Bauing. 1922, H. 12.
28. — Bemerkenswerte Bauausführungen bei der Berliner und Hamburger Hochbahn. Bautechn. 1924, S. 408.
29. Krey, H.: Erddruck, Erdwiderstand und Tragfähigkeit des Baugrundes. Berlin 1925.
30. Kyrieleis-Sichardt: Grundwasserabsenkung bei Fundierungsarbeiten. Berlin 1930.
31. Lunge-Berl: Chem. Technische Untersuchungsmethoden. 1922. 7. Aufl. S. 876.
32. Otto, W.: „Die Untersuchung des Baugrundes und die Wasserhaltung" in: Der Bau der Nordschleusenanlage in Bremerhaven 1928—31. Herausg. Agatz, W. Berlin: Ernst & Sohn.
33. Pihera: Druckverteilung, Erddruck. Erdwiderstand, Tragfähigkeit, Wien 1928.
34. Pippas, D.: Über die Setzungen und die Dichtigkeitsänderungen bei Sandschüttungen infolge von Erschütterungen. Veröffentl. der Degebo, H. 2.
35. Plarre u. Detig: Der Ostpfeiler der Kanalbrücke des Schiffshebewerks Niederfinow und die an ihm durchgeführten Bodendruckversuche. Bautechn. 1930, S. 676 u. 686.
36. Preß: Baugrundbelastungsversuche mit Flächen verschiedener Größe. Bautechn. 1930, H. 42.
37. — Baugrunduntersuchungen und ihre Beurteilung. Zbl. Bauverw. 1930, H. 31.
38. — Probebelastung von Bohrpfählen. Zbl. Bauverw. 1931, H. 32.
39. — Einfluß von Grundwasserstandsveränderungen und Preßlufteinwirkungen auf die Tragfähigkeit von Feinkiesen verschiedener Dichte. Bauing. 1931, H. 3.
40. — Baugrundbelastungsversuche mit Flächen gleicher Größe, jedoch verschiedener Form. Bautechn. 1931, H. 50.
41. — Baugrundprobebelastungen, ihre Auswertung und die an den Bauwerken gemessenen Setzungen. Bautechn. 1932, H. 30.
42. Schaechterle: Probebelastungen in Friedrichshafen zur Erkundung der Tragfähigkeit des Baugrundes. Bautechn. 1930, H. 36.
43. Schäfer, Jos.: Zur Frage der Gründung mit Grundwasserabsenkung oder Unterwasserschüttung. Bautechn. 1927, S. 380.
44. Scheidig: Die Verteilung senkrechter Drücke in Schüttungen. Diss. Freiberg 1926.
45. Schleicher: Zur Theorie des Baugrundes. Bauing. 1926, H. 48.
46. Schoklitsch, A.: Der Grundbau. Wien 1932.
47. Schonnop, K. E.: Gefährdete Baugruben. Bautechn. 1926, S. 398.
48. Seibt: Gesetzmäßig wiederkehrende Höhenverschiebung von Nivellementsfestpunkten bei Ebbe und Flut. Zbl. Bauverw. 1899, S. 1180; 1902, S. 459; 1906, S. 588.
49. Sichardt, W.: Das Fassungsvermögen von Rohrbrunnen und seine Bedeutung für die Grundwasserabsenkung, insbesondere für größere Absenkungstiefen. Diss. Berlin 1928.
50. — Die Grundwasserabsenkung bei der Herstellung der Tiefbühne anläßlich des Um- und Erweiterungsbaues der Staatsoper zu Berlin, Unter den Linden. Bauing. 1928, H. 40 und 41.
51. Singer, M.: Der Baugrund. Wien 1932.
52. Stötzner: Erzielung gleicher Fundamentsenkung durch Wahl des kleineren Bodeneinheitsdruckes bei der größeren Fundamentfläche. Diss. Braunschweig 1919.
53. Strohschneider: Elastische Druckverteilung und Drucküberschreitung in Schüttungen. Sitzungsberichte d. Ak. d. Wiss. Wien. Math.-Naturwiss. Klasse, Bd. CXXI, Abt. IIa, 1912.
54. Terzaghi: Erdbaumechanik auf bodenphysikalischer Grundlage. Leipzig und Wien 1925.
55. — In Redlich-Terzaghi-Kampe: Ingenieurgeologie. Wien—Berlin 1929.
56. Thieme: Probebelastungen auf geschüttetem Sandboden. Dtsch. Bauztg. 1915, S. 107.
57. Wolterbeek: Belastingsproeven ter bepaling van de grondelastiziteit. De Ing. 1921. Bd. 36.
58. Zunker: In Handbuch der Bodenlehre Bd. VI, S. 98 ff.

MIX
Papier aus verantwortungsvollen Quellen
Paper from responsible sources
FSC® C105338

If you have any concerns about our products,
you can contact us on
ProductSafety@springernature.com

In case Publisher is established outside the EU,
the EU authorized representative is:
**Springer Nature Customer Service Center GmbH
Europaplatz 3, 69115 Heidelberg, Germany**

Printed by Libri Plureos GmbH
in Hamburg, Germany